나무의 방식

나무의 방식

초판 1쇄 인쇄 2023년 01월 15일
초판 1쇄 발행 2023년 01월 22일

글 안드레아스 하제 **옮김** 배명자

펴낸이 이상순 **주간** 서인찬 **영업지원** 권은희 **제작이사** 이상광

펴낸곳 생각의 길
주소 (10881) 경기도 파주시 회동길 103
대표전화 (031) 8074-0082 **팩스** (031) 955-1083
이메일 books777@naver.com **홈페이지** www.book114.kr

생각의길은 (주)도서출판 아름다운사람들의 인문 교양 브랜드입니다.

978-89-6513-776-4 03480

_____

(c) 2018 Franckh-Kosmos Verlags-GmbH & Co. KG, Stuttgart, Germany
Original title: Hase, Baeume-tief verwurzelt
Korean language edition arranged through Icarias Agency, Seoul
Korean translation Copyright © 2023 Beautiful People

Franckh-Kosmos Verlags-GmbH & Co. KG 과 독점 계약한
도서출판 아름다운 사람들에 있습니다.
이 도서의 국립중앙도서관 출판예정도서목록(CIP)은
서지정보유통지원시스템(http://seoji.nl.go.kr)과 국가자료종합목록구축시스템(http://kolis-net.nl.go.kr)
에서 이용하실 수 있습니다. (CIP제어번호 : CIP2020015868)

파본은 구입하신 서점에서 교환해 드립니다.

나무의 방식

안드레아스 하제 지음

배명자 옮김

파샬리스 도우갈리스 그림

차례

―――――

"나무만큼 인생과 세상을 잘 보여주는 것은 없다.

나는 매일 나무 앞에서 나무에 대해 생각하리…."

― 크리스티안 모르겐슈테른(Christian Morgenstern)

―――――

독일은 총면적의 약 3분의 1이 숲이다. 한국은 총면적의 약 3분의 2가 숲이라고 한다. 숲이 가장 많은 지역은 헤센과 라인란트팔츠로, 각각 42퍼센트가 숲이다. 오스트리아는 48퍼센트로 독일보다 한참 앞서고, 스위스는 겨우 29퍼센트가 살짝 넘는 수준이다.

2016년에 지금까지의 '숲 재고조사'에 큰 오류가 있음이 밝혀졌다. 전 세계에는 사실 그때까지 예상했던 것보다 여덟 배나 많은 나무가 자라고 있었다. 대략 3조 그루로, 지구 인구를 70억으로 봤을 때, 한 사람당 400그루 이상을 가진 셈이다.

2017년 봄에 전 세계의 나무종 총수가 처음으로 발표되었다. 6만65종. 물론 아무도 이 수치를 보증할 수 없다. 지금도 새로운 식물이 매년 약 2000종씩 발견되어 목록에 오르고 있다. 그중에는 새로운 나무종도 종종 포함되어 있기 때문이다. 한편, 이 목록에는 '태양의 먼지'나 다름없는 연약한 지구에서 멸종할 위기에 처한 나무종도 포함되어 있다. 가장 희귀한 나무종은 '홀름스키올디아 기가스(Holmskioldia gigas)'인데, 탄자니아의 황량한 땅에 서 있다. 이 희귀한 나무는 현재 여섯 그루만 남고 모두 도끼에 희생되었다. 그 사이 이 나무의 씨앗이 확보되었고, 현재 아프리카 식물원이 영구 멸종을 막기 위해 첫 번째 번식을 시도하는 중이다.

멸종위기와 반대 방향을 가리키는 사례도 많이 있다. 예를 들어 콘라트 암버(Conrad Amber)는 『나무는 지붕으로, 숲은 도시로!(Bäume auf die Dächer, Wälder in die Stadt!)』에서, 우리의 도시가 미래에 얼마나 푸르게 될 수 있는지를 보여주며 용기를 준다. 그는 또한 고대 이집트 의사들이 4000년 전에 환자를 위해 만들었던 치유의 정원으로 돌아가는 다리를 놓았다.

나무와 비교하면 사람의 인생은, 풍성하게 차려진 자연사 식탁에서 부스러기에 불과하다.

위협받는 자연과 멸종위기에 처한 종에 관한 극적인 보고들이 계속 전해진다. 전쟁 무기를 닮은 무지막지한 기계들이 지금도 숲을 대대적으로 파괴한다. 사람들을 갈라놓기 위해, 숲을 없애고 거기에 거대한 장벽을 세우려는 나라가 있는가 하면, 아프리카 11개국은 사헬 지대에 경작 가능한 토양을 만들기 위해, 아프리카 대륙을 가로지르는 거대한 구역에 조용히 나무를 심는다. 어떤 프로젝트는 나이지리아의 사바나에 울창한 숲을 재생했고, 인도에서는 나무 20억 그루를 심는 프로그램이 진행 중이며, 중국에서는 비야흐로 인구 백만의 녹색 대도시가 논 위에 건설되었다. 나무의 녹색을 그리워하는 인간의 갈망은 아무리 채워도 부족하다. 아마도 나무 없이는 생각할 수조차 없는 인류의 과거 때문이리라.

옛날부터 인간과 나무의 관계는, 서로 연결되었다고 믿을 만큼 언제나 특별했다. 나무는 늘 우호적이고 관대하게 인류의 발달에 동행했다. 나무는 인간보다 훨씬 오래전부터, 대략 수억 년 전부터 지구에 살았다. 마지막 빙하기가 중부 유럽을 덮치기 훨씬 전에 지구는 원시 숲으로 가득했었다. 이런 맥락에서 보면, 인류가 직립보행으로 만물의 영장이 된 것은 눈 깜짝할 사이에 불과하다. 나무의 도움이 없었더라면, 인간은 자연의 하찮은 일부였을 테고, 진화의 어둠에서 올라왔다가 금세 암흑의 무(無)로 가라앉았을 터이다. 나무는 맛있는 열매와 양분이 풍부한 뿌리, 나뭇잎, 꽃으로 인간을 먹여 살렸다. 나무가 없었더라면, 인간은 도구도, 집도, 울타리도, 다리도, 자동차도, 책도, 컴퓨터도, 불도 갖지 못했을 터이다. 나무는 자연의 변덕, 추위와 더위, 홍수와 가뭄으로부터 우리를 보호한다. 솔직히 나무가 없다면 우리는 아무것도 아니다. 우리에게는 숨 쉴 산소만큼이나 나무가 필요하다.

모든 대륙, 문명, 민족의 위대한 신화 중심에 언제나 나무가 있는 것은 놀랄 일이 아니다. 거의 모든 문화에서 나무는 인간의 기원, 삶, 성장, 활동과 연결된다. 나무는 수많은 숭배의식과 관련이 있고, 우주를 상징했으며, 신들을 낳았다. 나무가 선하고 위대한 사람으로 변하거나 반대로 선하고 위대한 사람이 나무로 변했다. 현대문학에서도 고대신화에서도 마찬가지다. 오비디우스의 '필레몬(Philemon)'과 '바우키스(Baucis)',

헤르만 헤세의 『픽토르의 변신(Piktors Verwandlungen)』, 모든 게 나무이다. 일명 세계수(世界樹:생명의 원천, 세계의 중심, 인류의 발상지가 된다는 나무-표준국어대사전)에서 모든 것이 나왔다. 세계수는 '세계의 축(Axis Mundis)'으로서 우주 그 자체이다. 세계수는 만물의 중심축이다. 세계수의 몸통에서 우주가 생겨나고, 줄기에서 은하가 피어나고, 가지에서 세계와 생명이 자란다. 모든 것이 세계수와 연결되어 있다. 이런 세계수 은유는 고차원의 문명사회에도 있고 미개한 부족사회에도 있다. 북유럽 게르만족의 위그드라실, 그보다 훨씬 전인 페르시아의 가오카라나, 수메르의 훌루푸, 바빌론의 키스카누, 중국의 부상수, 이집트의 시카모아, 유다교의 생명나무 에즈 카임, 티베트 불교의 집회나무 촉싱, 수족 인디언의 와캉, 힌두교의 아스바타. 모두가 아는 것처럼, 부처는 인도 보리수 그늘에서, 마법사 멀린은 소나무 꼭대기에서 깨달음을 얻었다.

어떤 나무는 죽은 사람들의 영혼이 안식을 찾는 장소였고, 어떤 나무는 아직 태어나지 않은 아기들의 영혼이 세상으로 나갈 때까지 기다리는 장소였다. 우리의 조상들은 만물에, 자연에, 나무에 신성한 정령이 깃들어 있다고 믿었다. 그래서 자신이 탄생-삶-죽음-환생의 영원한 순환의 일부임을 언제나 인식하며 경외와 존중의 마음으로 세계를 마주했다. 깊은 숲속의 성스럽고 거대한 나무 아래에서 노래하고, 기도하고, 춤을 추었고, 사육제를 올렸다. 선사시대의 인간은 현대의 우리만큼

'지식'이 많지는 않았겠지만, 확실히 '분별력'은 더 높았던 것 같다. 그들은 삶의 토대를 파괴하지 않았고, 삶의 토대를 그대로 유지하기 위해 최선을 다했다. 우리에게는 그들을 무시할 자격도 근거도 없다.

중세시대의 거대한 건축물과 대성당에서 신비로운 나뭇가지 장식을 만난다. 거의 모든 기둥에서 자연을 상징하는 화려한 석조상이 두드러지고, 석조상이 표현하는 자연은 누가 보아도 확실히 나무이다. 대리석 세례대와 묘비를 장식하는 나뭇잎, 순수한 창조 욕구로 절규하듯 나뭇잎을 입에 문 일그러진 얼굴. 숲을 고스란히 모방한 중세시대의 모든 신성한 건축물과 대성당보다 더 명확한 자연 상징물이 또 있을까?

괴테는 『독일 건축술에 대하여(Von Deutscher Baukunst)』(1772)에서 스트라스부르 대성당의 탑을, "수천 개의 줄기, 수백만 개의 가지, 바닷가 모래만큼 많은 잎으로, 자신의 스승이자 주인인 하느님의 영광을 널리 선포하는 우람한 신의 나무"에 비유했다. 그리고 울름 대성당의 탑 내부에서 하늘을 올려다보면 하늘로 솟은 나무의 형상을 볼 수 있는데, 가지는 마치 온 세상에 닿을 것처럼 활짝 뻗었고 잎은 중력의 영향을 받지 않는 듯 경쾌하다.

마침내 숲은 18세기 낭만주의에서 음악, 그림, 시의 중심으로 돌아왔다. 신화와 동화에서 늘 중요한 역할을 했던 숲이 이제 예술의 심장도 정복했다. 숲은 죽은 자, 마녀, 사탄의 왕국으로 혹은 에덴동산으로 그려졌고, 노래로 불렸고, 시로 낭송되었다. 그 후로 계속 "모든 사물 안에 노래가 잠들어 있었다."

요제프 폰 아이헨도르프(Joseph von Eichendorff), 리하르트 바그너(Richard Wagner), 펠릭스 멘델스존바르트홀디(Felix Mendelssohn-Bartholdy), 카스퍼 다비트 프리드리히(Caspar David Friedrich), 페르디난트 게오르크 발트뮐러(Ferdinand Georg Waldmüller), 아르놀트 뵈클린(Arnold Böcklin) 그리고 그 밖의 수많은 이들이 숲으로 가는 새로운 길을 열었다.

신뢰와 구원을 약속하는 길, 존재의 진정한 원형에 대한 소망, 게오르크 프소타(Georg Psota)와 미하엘 호로비츠(Michael Horowitz)가 언급한 것처럼, "멀리 영혼의 땅에 대한 그리움", 고요와 영원에 대한 갈망이 과거 어느 때보다 더 인간의 심장에 스며든다. 우리를 보호하고 감싸고 보듬어주는 동화 속 마법 같은 풍경을 그 어느 때보다 더 그리워한다.

이 책에서는 26개 나무종을 자세히 다루는데, 가능한 한 최신 지식을 담으려 애썼다. 알다시피 나무는 목재 그 이상이다. 나무는 마음이고 사랑이다. 우리가 나무를 그저 생물학적 사실과 물리 화학적 관련성에서만 본다면, 감탄은 사라진다. 그리고 감탄과 함께 나무에 대한 우리의 사랑도 사라진다.

권터 아이히(Günther Eich)의 말처럼, "나무의 위로 없이 누가 살고 싶으랴!"

그렇다, 누가 그걸 바라겠는가?

• 사과나무

• 개버즘단풍나무
• 들판단풍나무
• 노르웨이단풍나무

• 야생배나무

• 자작나무

• 유럽너도밤나무

• 유럽마가목
• 로완나무

• 서양회양목

1장

자유롭게 두면 크게 자란다

개버즘단풍나무
들판단풍나무
노르웨이단풍나무
재밌는 그림자로 명성을 얻다

구름 한 점 없는 6월 땡볕에 나는 도나우리스 지역의 한 자그마한 마을에서 숙소를 찾고 있었다. 마침내 작은 펜션을 발견했고, 놀라움에 나도 모르게 입이 벌어졌다. '보리수 펜션'. 전국에 '보리수' 이름이 들어가는 식당, 호텔, 게스트하우스가 약 2,000개나 된다. 그러니까 나를 놀라게 한 건 펜션 이름이 아니라, 마당에 우뚝 선 우람찬 나무였다. 나무 그림자가 우물을 넉넉히 덮고도 마당 가장자리의 회벽 담벼락까지 뻗어있었다. 단풍나무였다.

내 방 창문 틈으로 들어온 햇살이 단풍잎의 손 모양 그림자 사이로 빼꼼히 얼굴을 내밀었다. 얼룩얼룩 퍼진 햇살과 손가락 모양의 그림자가 거친 나무 마루 위에서 아른아른 춤을 추다가 재빨리 내 얼굴을 훑고 도망치듯 다시 밖으로 나가 담벼락을 타고 미끄러져 내려 우물 깊은 곳으로 사라졌다. 나뭇잎 하나하나가 독특하고 고유한 음을 내는 것 같았다. 그러나 나뭇잎들이 바람을 만나 합동으로 그림자 춤을 출 때 비로소 각각의 소리가 아름다운 화음이 되어, 어쩐지 나무의 노랫소리가 들리는 것만 같았다….

나는 당시 독일 식물학의 아버지라 불리는 야코부스 테오도루스 타베르내몬타누스(Jacobus Theodorus Tabernaemontanus)에게 푹 빠졌는데, 그는 1588년『새 본초학(Neuw Kreuterbuch)』이라는 자신의 책에서 단풍나무에 대해 이렇게 기록했다. "이 나무는 재밌는 그림자 때문에 명성을 유지할 것이다."

신비한 껍질을 가진 강력한 수호목

들판에(홀로) 선 오래된 개버즘단풍나무는 대개 우람한 몸통과 거대한 반구형 수관樹冠을 자랑하는 웅장하고 인상적인 나무다. 알프스 지역에서 개버즘단풍나무는 주로 수백 살 먹은 든든한 수호자로서 농장을 지킨다. 농장 주인이 일종의 수호목으로 일부러 이 나무를 심었는지, 아니면 이 나무 때문에 그 자리에 농장이 생겨났는지, 아무도 정확히 알지 못한다. 해발이 높아서 혹은 혹독한 기후 때문에 다른 활엽수는 감히 넘보지 못하는 고산지대에서도 개버즘단풍나무는 힘차고 당당하게 존재감을 드러낸다. 다른 어떤 나무도 단풍나무만큼 힘차게 자라고 꽃을 피우진 못한다. 단풍나무는 전 세계적으로 약 111종이 있는데, 대부분이 북반구에서 자란다.

어린 개버즘단풍나무는 '단축성'으로 자란다. 줄기가 거의 갈라지지 않고 몸통이 오로지 하나뿐이라는 뜻이다. 그래서 처음에는 위로만 높게 자란다. 1년에 2미터씩 자라는 경우도 드물지 않다. 하기야 어린나무는 햇볕을 넉넉히 얻기 위해서라도 최대한 빨리 하늘 높이 솟아야 한다. 단풍나무는 20~30년이 지나야 비로소 어느 정도 덩치가 생기고, 수관도 눈에 띄게 커진다. 꽃대마다 거의 예외 없이 새 가지가 생겨난다.

단풍나무는 호두나무처럼 이른바 폐쇄 시스템 안에서 자란다.(호두나무 참고) 그래서 매우 인상 깊은 수관이 만들어진다.

다 자란 단풍나무는 무려 35미터에 이르고, 40미터까지 자라는 경우도 더러 있으며, 최대 500살까지 살 수 있다. 어려서 반질반질하던 회색 껍질이 나이가 들면서 널찍널찍 갈라진 전형적인 단풍나무 껍질로 변하고, 그래서 종종 플라타너스와 혼동을 일으킨다. 유럽 활엽수 중에서 겨우살이와 이끼가 가장 많이 기생하는 나무가 바로 단풍나무다. 이런 기생식물 덕분에 아름답고 변화무쌍한 구조가 만들어지고, 늙은 단풍나무는 신비한 껍질의 매력으로 시선을 사로잡는다. 듬직한 몸통과 힘찬 가지가 매우 빽빽해서 껍질이 거의 드러나지 않고, 그 덕분에 단풍나무는 매혹적이고 동화 같은 외양으로 탄성을 자아낸다.

수꽃과 암꽃이 순서대로 핀다

손바닥만한 단풍잎은 플라타너스 잎과 비슷하다. 크기가 비슷비슷한 다섯 개의 길고 뾰족한 끝이 손가락처럼 펼쳐져 있다. 개버즘단풍나무 잎은 4월 말에 자라기 시작하고, 꽃은 잎과 거의 비슷한 시기에 포도송이 모양의 꽃차례로 핀다. 작은 연두색 화환에 꽂힌 것처럼 하나의 꽃대에 무더기로 꽃이 피고, 암꽃과 수꽃이 같은 꽃차례에 있지만, 자기 수분을 막기 위해 절대 동시에 성숙하지 않는다.

단풍나무 군락지에서는 몇몇이 수꽃(수꽃이 될 꽃눈)을 먼저,

그다음 암꽃을 피운다. 나머지 단풍나무들은 정확히 그 반대로 한다. 개별 단풍나무 사이에 합의가 있었는지, 매년 같은 순서로 꽃을 피우는지는 알려지지 않았다. 우연이 아닌 것만은 확실하다.

날개 달린 단풍나무 열매

공짜로 제공되는 풍부한 꽃꿀이 수많은 곤충을 끌어들인다. 곤충은 꽃꿀을 먹고 감사의 표시로 수분을 맡아준다. 9월 말쯤이면 열매가 익는데, 동그란 씨에 작은 프로펠러처럼 생긴 연갈색 날개가 달린다. 한때 꽃이 있던 자리에 날개 한 쌍이 매달려 있다. 날개를 단 씨는 바람이 와서 멀리 데려가 주기를 기다린다. 이 기다림은 때때로 몇 달이 걸리고, 이듬해까지 이어지는 경우도 다반사다.

단풍나무의 뿌리는 일명 심장형 뿌리로, 하늘로 가지를 뻗은 수관과 똑같이 힘차게 땅속으로 깊이 파고들어 흙을 단단히 움켜쥔다. 심장형 뿌리는 매우 진취적으로 깊게 파고들다 장애물을 만나면, 주저 없이 옆으로 뻗는다. 이런 능력 덕분에 불안정한 자갈밭에서도 단단히 서 있을 수 있다. 단풍나무 뿌리는 상처가 나더라도 금세 치유되고, 낙석에도 비교적 둔감하다. 그러나 상처가 너무 깊으면 그것 때문에 죽을 수 있고 '피를 흘릴 수 있다.'

레오나르도 다빈치(Leonardo da Vinci)는 1490년경에 허공을 나는 날개 달린 단풍나무 열매를 관찰한 뒤에 '프로펠러' 아이디어를 스케치로 남겼다. 다빈치는 특유의 거울 글씨로 유명한데, 그래서 최초의 헬리콥터가 이륙하기까지 450년이나 걸렸을까? 단풍나무의 이른바 '프로펠러 씨'의 운동 원리가 헬리콥터의 운동 원리와 똑같기 때문이다.

단풍나무의 고향은 원시림이다

숲에서 야생으로 자라는 단풍나무를 만나기는 그다지 쉽지 않다. 독일 숲에서 단풍나무가 차지하는 비율은 겨우 2퍼센트로, 숲에서 단풍나무를 만나는 것은 행운에 가깝다.

누구나 예상할 수 있듯, 개버즘단풍나무의 원래 고향은 깊은 산악지대다. 오스트리아 카르벤델산맥의 '단풍나무 군락지'가 세계적으로 유명하다. 그곳에서는 넓게 늘어선 단풍나무가 가을 색으로 물든 낙엽송과 다채로운 듀엣을 펼친다. 단풍나무는 주로 산악 목초지와 고원지대에 살고, 습하고 차가운 기후를 좋아한다. 알프스 북부 지역에서는 해발 1,700미터 이상에서도 살고, 스위스 칸톤 발리스에서는 해발 2,000미터 이상에서도 거뜬히 살아남는다. 그렇다고 다른 지역에서는 단풍나무가 살지 못한다는 뜻이 아니다. 중부 유럽의 냇가와 강가를 따라서도 단풍나무들이 곧잘 자란다. 스페인 북부, 피레네산맥에서 시칠리아에 이르는 이탈리아 내륙, 그리스의 펠로폰네스 북부, 그리고 동유럽 쪽으로는 폴란드를 지나 우크라이나에서도 단풍나무가 자란다. 그러나 단풍나무가 군락을 이루는 경우는 아주 드물고, 너도밤나무가 주류를 이루는 혼합림과 알프스 기슭의 가문비나무 숲에 뿔뿔이 흩어져 산다.

고대 그리스의 불운 나무가 홀로 트로이를 정복하다

개버즘단풍나무의 학명에서 '아커(Acer)'는 뾰족하다는 뜻이고, '프소이도플라타누스(pseudoplatanus)'는 플라타너스와 매우 유사하다는 뜻이다. 이미 8000년 전에 신석기 농민들이 단풍나무의 새하얀 목재로 그릇과 숟가락을 만들어 썼다. 그러나 고대 그리스인들은 이런 해맑은 나무를 전쟁, 피, 학살의 신 아레스에게 봉헌했다. 단풍나무의 일렁이는 그림자에서, 살기 가득한 일그러진 얼굴을 보았던 걸까? 그리스 역사학자 파우사니아스(Pausanias, 115-180)의 기록에 따르면, 단풍나무는 공포의 사탄 포보스에게 바쳐진 불운 나무였다.

트로이의 목마는 단풍나무로 만들었다고 전한다.

반면 켈트족에게 새하얀 단풍나무 목재는 흠결 없는 순결한 마음을 상징했다. 단풍나무는 우리 독일인에게도 아주 친숙한 나무였다. 그런데도 북유럽 신화나 게르만 전설에서 단풍나무는 아무 역할도 하지 않았다.

중세시대 사람들은 단풍잎의 재밌는 그림자 때문에 단풍나무를 명랑하고 여유로운 나무로 여겼다. 단풍나무는 완벽한 조화를 상징했고, 사탄을 쫓아내는 힘을 가졌다는 명성을 얻었다. 그래서 마녀와 악령이 들어오지 못하게 하려고, 문지방을 단풍나무로 만들었다. 민간요법은 욱신거리는 깊은 상처 부위에 커다란 단풍잎을 올려 열을 식혔다. 6월 24일 세례자 요한 축일에 단풍잎을 따서 말려 보관해 두었다가, 끓는 물에 불려 사용했다.

사우어크라우트와 설탕시럽

개버즘단풍나무의 동생쯤 되는 들판단풍나무는 매우 중요한 식량 공급원이었고, 그래서 옛날부터 들판단풍나무는 '마스홀더(Maßholder)'라는 별칭으로 불렸다.(Maßholder는 '덩치를 유지해주는 것'이라는 뜻이다-옮긴이) 들판단풍나무의 어린잎은 가축의 먹이로 썼을 뿐 아니라, 사우어크라우트(sauerkraut: 잘게 썬 양배추를 소금에 절여 발효시켜 만든 독일식 양배추절임)처럼 소금에 절

26

여 발효시켜서 먹었다.

오늘날 들판단풍나무는 캐나다와 미국에서 팬케이크를 만들 때 없어서는 안 되는 달콤하고 맛있는 단풍시럽으로 잘 알려져 있다. 또한, 단풍잎은 캐나다의 국가 상징이다.(캐나다 국기 이름이 '메이플 리프', 즉 단풍잎이다.) 엄격히 말해, 그것은 설탕단풍나무의 잎을 디자인한 것이다.

탁월한 소리와 최적의 진동으로, 단풍나무는 악기 제작에 사용될 운명을 타고났다. 특히 뜯고 튕기는 현악기 제작에 애용되었다. 또한, 배나무 목재와 더불어 단풍나무 목재로 만든 플루트는 가장 아름답고 따뜻한 소리를 낸다.

사과나무
쾌락과 사랑의 상징

사과에 관한 문헌은 엄청나게 많다. 사과가 언급된 신화, 전설, 성경주석서, 역사서가 도서관에 가득하다. 특별하고 중요한 역사적 사과나무에 대해 알아야 할 것, 토론해야 할 것, 보도해야 할 것이 당연히 아주 많다. 그러나 그 어떤 것도 사과에 얽힌 개인적인 추억 하나를 대체하지 못한다. 그 어떤 것도 인류 문화사에서 사과가 차지하는 진짜 큰 의미를 사과 파이만큼 명료하게 보여주지 못한다. 사과 파이 향을 맡는 즉시 회상에 젖고, 잊었던 추억의 장면이 떠오른다. 유치원 시절 손이 닿지 않는 높은 곳에 걸린 옷걸이, 햇살이 쏟아지는 운동장, 1학년 첫 짝꿍. 그리고 그렇게 떠오른 추억은 거의 항상 아름답다. 사과에 얽힌 개인의 추억은 종종 인류 전체의 문화와 집단 기억을 의미한다. 사과나무는 확실히 다른 나무들보다 종교와 문화에 더 깊이 뿌리를 내렸다.

재배종 사과의 고향은 아시아다

일반적으로 야생종(혹은 원생종) 사과가 모든 사과종의 어머니라고 믿는다. 아주 타당해 보이겠지만, 실은 그렇지 않다. 우리가 아는 달콤하고 향이 강한 재배종 사과는 대부분이 아시아의 '말루스 시에베르시(Malus sieversii)'라는 사과의 자손이다. '원시 사과'로 통하는 이 사과종은 지금도 여전히 카자흐스탄 알마티(옛날에는 러시아로 '알마 아타'라 불렸다)에서 자란다. 이 사과는 이미 2000년 전부터 재배되었다. 야생종 사과는 우리가 마트 선반에서 보는 사과들과 비교하면 아주 작다. 연두색 꼬마 사과는 지름이 3.5센티미터를 넘지 못한다.

야생종 사과는 자매인 야생종 배와 비슷하다. 둘 다 자연에서 만나기 힘들고, 만나더라도 그것이 야생종임을 증명하기가 어렵다. 그러려면 빙하기 이후에 코카서스에서 다시 독일로 이주해온 진짜 원생종 사과가 있어야 비교해 볼 수 있기 때문이다. 들판에 야생으로 자라는 사과나무는 비좁은 과수원을 탈출한 어느 재배종 사과의 후손일 확률이 아주 높다. 그 사과나무는 아마도 과수원을 탈출하여 다른 '탈출자' 혹은 진짜 원생종 사과와 섞였고, 그 후로 야생에서 살아가는 법을 다시 배웠을 터이다. 그러면 그들은 진짜 원생종 사과처럼 보일 수 있다!

어떨 땐 나무, 어떨 땐 관목

야생종 사과는 햇빛이 많이 필요하고, 경쟁력이 약해서 깊은 숲속에서는 거의 자라지 못한다. 사과나무는 숲 가장자리의 탁 트인 공간이나 넓은 들판 혹은 비탈이 필요하다. 그런 곳에서 살아야 어느 정도 나무 형태를 띨 수 있고 최대 10미터까지 자란다. 야생사과나무는 대부분 매우 기괴한 수관을 갖는다. 키가 작아도 벌써 수관이 생기는데, 부러지고 상처가 나더라도 대단한 재생력 덕분에 가지가 촘촘하게 자라 마치 비틀리고 휜 것처럼 보일 수 있다. 야생사과나무는 종종 몸을 잔뜩 웅크려 관목처럼 작아져 가능한 한 눈에 띄지 않는 삶을 살고자 애쓴다.

그러나 꽃피는 시기가 되면 그런 노력은 아무 소용이 없다. 꽃보다 먼저 잎이 나온다. 잎은 최대 9센티미터까지 자라고 끝이 뾰족한 타원형이며, 잎 둘레가 이중 톱니 모양이다. 아랫면은 솜털 없이 반들반들한데, 이것이 순수 재배종 사과와의 중요한 차이점이다. 그러나 야생사과나무 역시 재배종 사과나무와 똑같이 화려하고 아름다운 꽃을 피운다. 4월 말, 5월 초에 가장자리가 분홍색인 새하얀 작은 꽃이 다닥다닥 뭉쳐 무더기로 핀다. 사과나무 혹은 사과관목은 새하얀 꽃 드레스를 입은 듯 아주 우아하고 기품있는 아름다움을 뽐내는데, 때때로 꽃무더기가 약간 버거워 보이기도 한다. 꽃가루를 덮어쓴 수술이 꽃에서 불쑥 튀어나와 꿀벌과 말벌의 방문을 맞이한다. 낮보다 밤에 더 강하다고 알려진 은은한 꽃향기가 개화기 내내 사과 나무를 감싼다. 사과나무는 장미과에 속하는 모든 과일나무와 마찬가지로 자웅동주이면서 양성화를 피운다. 양성화란 꽃 하나에 암수가 모두 있다는 뜻이다.

같은 꽃의 암술과 수술이 만나는 자기 수분을 방지하기 위해, 암술이 수술보다 일찍 성숙한다. 그래서 다른 나무의 꽃가루와 수분할 확률이 높다.

사과는 독일에서 가장 오래된 과일이자 가장 사랑받는 과일이다. 아주 오래전부터 그랬다. 숯으로 변한 수천 년 전의 사과 찌꺼기가 보덴제의 호상가옥에서 발견되었다.

야생사과나무의 껍질은 회갈색에 비늘처럼 들뜨고 세로로 금이 그어져 있다. 야생사과나무는 깊이 파고들면서 동시에 옆으로 넓게 퍼질 수 있는 심장형 뿌리에 많은 에너지를 쓴다. 그래서 사과나무는 최대 100세의 고령에도 뿌리와 몸통으로 번식할 수 있다.

야생동물을 위한 식량 창고

9~10월 가지에 열매가 달린다. 야생종 사과는 빨갛게 색이 변하는 경우가 거의 없고, 우리에게 익숙한 재배종 사과와는 완전히 다른 작은 열매다. 이 열매는 바닥에 떨어져 근처 숲속 동물의 먹이가 된다. 노루, 사슴, 혹은 고슴도치에게 야생종 사과는 풍부한 영양공급원이다. 그러나 사람들의 미뢰에는 권할 것이 못 된다. 야생종 사과는 아주 시고, 뒷맛이 매우 쓰다. 날 것으로는 거의 먹을 수가 없고, 말리거나 불에 익히면 그나마 먹을만하다. 브랜디로 만들어도 괜찮은데, 이때도 양을 적당히 조절해야 한다.

원생종 사과나무는 코카서스에서 돌아왔고, 현재 독일에서 가장 희귀한 나무종에 속하며, 서로 아주 멀리 떨어져서 자란다. 기껏해야 엘바우엔 일부 지역과 에르츠산맥 동부에서 여러 그루가 모여 사는 것으로 보고된다. 독일연방 농업식품청에 따르면, 독일 전역에 약 5,500그루뿐이다. 이 나무는 유럽 전역에서 자라는데, 알프스 지역에 약간 더 많은 것 같다. 그러나 거의 항상 나홀로 나무로 살기 때문에 짝짓기할 파트너를 찾기

가 점점 더 힘들어진다. 그래서 현재 이 나무는 멸종위기에 있
다.

육체적 쾌락과 사랑의 상징

사과의 매혹적인 힘 때문에 인류가 낙원을 잃었다는 성경
이야기의 진위와 상관없이, 사과는 다른 어떤 과일보다 더 강

하게 신화적 의미 및 상징과 연결되어 있다. 사과는 고대부터 생명, 여성의 힘, 성, 풍요를 상징했다. 그리스 풍요의 신, 디오니소스는 사과나무의 창조자로 통했다. 디오니소스는 사랑, 미, 육체적 쾌락의 여신 아프로디테에게 사과나무를 선물했다. '밤에서 태어난' 보복의 여신 네메시스는 영원한 생명의 상징으로 늘 사과나무 가지를 들고 다녔다.

괴테의 작품에서도 사과가 여성의 성을 상징한다. 메피스토펠레스와 파우스트가 발푸르기스의 밤에(4월 30일에서 5월 1일로 넘어가는 밤으로, 독일 민간전승에서 마녀들이 광란의 축제를 벌이는 밤이다-옮긴이) 마녀의 무도장으로 알려진 블록스베르크 산꼭대기에서 춤을 출 때, 아름다운 젊은 여성이 파우스트에게 다음과 같이 말한다.

"당신들은 사과를 무척 탐내는군요. 낙원의 시절부터 이미 그랬죠. 너무 기뻐 전율이 느껴지네요. 내 정원에도 그런 것이 달려있거든요!"

중세시대 이후에 처음으로 사과가 세속의 권력을 상징한 게 아니다. 이미 고대 페르시아에서 사과는 지배자의 권위를 상징했다. 사과는 일명 '제국사과'(십자가를 단 지구 모양의 보석으로 '십자구체'라고도 불리며 황제의 권력을 상징한다-옮긴이)로 변하여, 10세기부터 둥근 형태를 통해 완벽함, 온전함, 통일성을 전달했다.

매일 사과 하나를 먹으면 병원 갈 일이 없다

모두가 이런 말을 한 번쯤 들어봤을 터이다. 비타민 C가 풍부한 사과의 용도는 사과에 관한 신화만큼이나 아주 다양하다. 중세 민간요법에 따르면, 부활절 아침 공복에 사과를 하나 먹으면 1년 내내 병에 걸리지 않는다. 다른

사과나무에 관한 루터의 명언도 여기서 빠지면 안 된다. "내일 세계가 멸망하더라도, 나는 오늘 사과나무 한 그루를 심겠다." 그러나 이 명언은 20세기 중반부터 비로소 인용되었다….

몇몇 나무종과 마찬가지로 사과나무 역시 질병을 흡수한다고 알려져 있었다. 오스트리아의 작가이자 민속학자인 한스

슈테른에더(Hans Sterneder)는 1928년에 출판된 자신의 책『마을의 봄(Frühling im Dorf)』에서, '쐐기를 박아' 질병을 고치는 오랜 풍습을 소개했다. 위중한 병에 걸린 사람이 번개에 쪼개진 참나무(번개나무)로 엄지보다 작은 뾰족한 쐐기를 만들고, 이 쐐기의 뾰족한 끝을 자신의 머리카락으로 감싼 후, 사과나무 동쪽에 박아 넣었다.

잘 타지 않는 사과나무 목재는 임업에서 아무런 의미를 얻지 못했다. 그러나 목공예에서 제자리를 찾았다. 실패, 샐러드 수저, 체스, 과즙기, 달걀컵 등이 사과나무 목재로 만들어진다.

자작나무

하늘을 향해 자라지만 땅을 향해 몸을 굽힌다

세상이 아직 겨울의 숨결에 잠겨있을 때, 자작나무는 벌써 비단결 같은 싱그러운 초록 봄옷으로 구름처럼 새하얀 몸을 감싼다. 고운 어린잎이 가지를 뚫고 간신히 몸을 내민다. 어떤 힘도 막을 수 없는 강한 생명력으로 아름답게 빛나는 우아한 모습을 드러낸다. 수없이 많지만, 잎 하나하나 모두가 귀하고 저마다

> "일개 나무가 폭풍 속에서 어찌 자기 마음대로 할 수 있겠나! 폭풍 속의 자작나무는 얼마나 멋진가! 신성한 우아함이여! 형언할 수 없이 아름다운 한 폭의 그림 같구나!"
> —크리스티안 모르겐슈테른(Christian Morgenstern)

세상의 고유한 섭리를 품고 있다. 자작나무는 온몸으로 온유, 은혜, 우아함을 뿜어낸다. 가을 안개 속에서, 폭풍우 속에서, 늙어서도, 죽음 안에서도 자작나무는 언제나 사랑스럽고 온화하다. 자작나무는 쾌활한 무용수였다가 지혜로운 마법사로 늙는다. 풍파에 시달린 늙은 마법사의 주름진 얼굴에서 심오한 아름다움이 느껴진다. 자작나무는 하늘을 향해 자라지만 겸손하게 땅을 향해 몸을 굽힌다.

이런 우아함 때문에 많은 이들이 자작나무를 가장 좋아하는 나무로 꼽는다. 혹여 자작나무의 우아함을 연약함과 혼동해선 안 된다. 자작나무는 놀라운 힘을 가진 용맹한 선구자다. 자작나무는 추위에 대단히 강하다. 어린잎조차도 영하 6도의 추위를 끄떡없이 이겨낸다. 3~4월이면 벌써 연한 새순이 돋고 거의 동시에 꽃이 피기 시작한다. 그러나 굶주린 꿀벌들은 이곳에서 꽃꿀을 거의 얻지 못한다. 자작나무 꽃에는 꽃꿀이 극소량만 있기 때문이다. 자작나무는 자웅동주로, 수꽃과 암꽃이 한 나무에서 핀다. 자작나무는 아주 여성스럽고 온화해 보이지만 놀랍도록 강한 남성적인 면도 갖고 있다. 벌써 이전 해부터 매달려 있던 수꽃이 봄을 맞으면서 크게 부풀어 올라 다량의 꽃가루를 바람에 실어 보내면, 바람은 수백 킬로미터 멀리까지 꽃가루를 옮겨준다. 수꽃 하나에 꽃가루가 최대 500만 개나 된다. 이 많은 꽃가루가 미지의 모험을 시작하여 세계로 향한다. 그리고 몇몇 알레르기 환자의 코로 가서 재채기를 일으켜 괴롭힌다.

암꽃은 초록색으로 수꽃보다 눈에 덜 띄고, 처음에는 하늘을 향해 서 있다. 수분이 되면 초록색이 새빨갛게 변하고, 눈에 띄게 부풀어 오르며, 땅을 향한다. 양쪽에 날개가 달린 작은 씨는 가을까지 씨방에서 자란다. 이듬해 봄에 이 씨는 자작나무를 수없이 유혹할 바람에 다시 맡겨진다. 바람은 자작나무 씨를 곳곳에 퍼트린다. 자작나무 씨는 강인하고 까탈스럽지 않아 거의 모든 토양에서 금세 싹을 틔운다. 땅은 물론이고, 지붕의 빗물받이, 담벼락 틈새, 우람한 참나무 가지 사이까지, 자작나무 씨는 거의 모든 장소에서 싹을 틔우기 위해 최소한 시도라도 해본다. 나무로 성장하려는 의지가 아주 강하다. 싹은 첫해에 벌써 30센티미터 이상까지 자라고, 이때 벌써 작은 잎이 달려 전형적인 활엽수의 모습을 갖춘다.

잎 둘레는 톱니 모양이고, 표면은 왁스를 바른 듯 매끄러우며, 여름철에는 광택 효과를 내는 물질이 잎을 덮고 있어서, 자작나무는 한여름에 유난히 경쾌해 보인다. 자작나무는 그렇게 행복에 겨워 파란 하늘에서 춤춘다.

그러나 자작나무의 가장 큰 특징은 껍질이다. 어려서는 우유처럼 하얗고 반질반질하다가 나이가 들면서 갈라지고 잘 부서지고 무엇보다 밑동의 색이 변한다. 검은 주름, 금, 고랑이 새하얀 몸통과 대조를 이룬다. 수많은 화가, 위대한 작곡가, 유명한 시인들이 이런 모습에서 영감을 얻었다. 자작나무는 전 세계 여러 민속문화에도 그 흔적을 남겼다. 최종적으로 자작나무 자체가 창조의 가장 위대한 걸작이다.

북유럽과 창조신화의 나무

문헌에 따라 약간의 차이는 있지만, 자작나무종은 대략 100

개이고, 모두 북반구에서만 자란다. 30미터 이상 자라지 않고, 독일 기후에서는 최고 기대수명이 150년이다. 그러나 북유럽처럼 자작나무가 좋아하는 편안한 기후에서는 최대 250년까지 산다.

생명력이 강한 자작나무의 비밀은 뿌리와 균근곰팡이가 땅속 깊은 곳에서 맺은 공생관계에 있다. 지하세계의 곰팡이와 맺은 계약 내용에 따라, 자작나무는 바람이 잘 통하는 햇빛 아래에서 당분과 에너지를 생산하여 균근곰팡이에 공급하고, 스스로 땅에서 흡수할 수 없는 영양소를 균근곰팡이로부터 얻는다. 자작나무는 햇빛이 많이 필요하므로, 울창한 숲속보다는 주로 숲 가장자리나 빈터 혹은 다른 나무들이 엄두를 내지 못하는 구역에서 자란다. 자작나무는 산악지대에서 해발 2,000미터까지 오른다. 정말 대단한 능력이다. 스위스 그라우뷘덴에서는 심지어 해발 2,800미터 높이에서 10센티미터 크기의 자작나무 묘목이 발견되었다. 이것으로 자작나무는 활엽수 중에서 압도적인 차이로 최고 기록을 보유한다.

자작나무는 북유럽을 가장 편안해하고, 침엽수림까지 영역을 넓히며, 시베리아에서도 넓은 자작나무 숲을 형성한다. 그래서 그곳에 정착한 일부 민족에게 자작나무는 창조신화의 주인공이기도 하다.

나무에 걸린 빗자루가 마녀의 저주를 막아준다

하늘 높이 촘촘하게 뻗은 잔가지 사이에, 둥지처럼 생긴 둥근 덤불이 걸려 있는 광경을 종종 보게 된다. 첫눈에 겨우살이를 상기시킨다. 그러나 고대시대에 이것은 마녀가 발푸르기스의 밤에 빗자루를 타고 블록스베르크로 날아가던 중에 이 나무에 걸렸다는 표시였다. 그래서 우리의 조상들은 가지에 걸린 이 둥근 물체를 '마녀의 빗자루'라고 불렀고, 자작나무가 마녀의 저주를 막아준다고 믿었다. 지금도 어떤 지역에는, 악령을 내보내기 위해 자작나무 가지로 만든 커다란 빗자루로 집을 청소하는 풍습이 있다. 지붕 박공에 '마녀의 빗자루'를 매달아, 나쁜 마법을 방어할 뿐 아니라 벼락으로부터 집과 농장을 보호했기 때문에, 이것을 '천둥 덤불'이라 부르기도 했다.

그러나 현대과학은 마녀의 빗자루에 대해 다소 냉정하게 설명한다. 타프리나 베툴리나라는 균류가 자작나무의 성장을 방해하고 마구잡이로 가지가 뻗게 공격한다는 것이다. 그러나 안개 자욱한 어스름에, 늪지에서 높이 자란 자작나무에 걸린 '마녀의 빗자루'를 보고 있노라면, 모든 과학지식에도 불구하고, 나쁜 마녀와 어둠의 마법에 관한 이야기가 어쩌면 진짜일지 모른다는 막연한 두려움이 엄습한다.

자작나무에 마녀의 빗자루가 걸리게 하는 것은 사실 타프리나 베툴리나 (Taphrina Betulina)라는 균류이다.

영원한 보호

Birke(자작나무)와 Borke(나무껍질). 두 단어가 놀랍도록 닮았다. 실제로 두 단어 모두 같은 어원인 'bergen(감싸다, 내포하다)'

에서 파생했다. 언어학자 헤르만 그라스만(Hermann Graßmann)
은 독일어 이름 '비르케(Birke)'의 뿌리를 산스크리트어에서 찾
는다. 고대 인도에 '부르가스(burgha-s)'라는 나무가 있었는데,
이 나무의 하얀 껍
질을 종이처럼 사
용했다. 중요한 지
혜의 글이 자작나
무 껍질에 기록되

자작나무 껍질이 고대 인도어의 다양한 글꼴 형성에
영향을 미쳤을 것이다. 자작나무 껍질에 쉽게 쓸 수 있
도록 글꼴이 만들어졌기 때문이다. 부드럽게 쓰이는
곡선의 글꼴은 아마도 여기에서 기인했을 것이다. 말
하자면 아시아에서는 자작나무가, 독일에서는 너도밤
나무가 인간의 문자 문화와 동행했다.

었고, 이런 방식으로 고대 자료가 보존되어 우리에게 전해졌
다. 예를 들어, 자작나무 껍질로 만든 두루마리 29개에 기록
된 1세기 간다라어 문서들이 발견되었는데, 이것은 현존하는
가장 오래된 불교 텍스트이다. 현대의 USB가 과연 자작나무
두루마리 역할을 비슷하게나마 해낼 수 있을까?

그러나 종이 역할 말고도 자작나무의 용도는 아주 많다.
예를 들어 입증된 방부효과 덕분에 수천 년 전부터 식품 저
장 용기를 만드는 데 사용되었다. 세계적으로 유명한 '외치
(Ötzi)'(1991년 이탈리아-오스트리아 국경지대인 외츠탈에서 발견된 약
5300년 전의 남성 미라 - 옮긴이)의 소지품에서도 그런 용기가 발
견되었다. 자작나무 껍질은 질기고 탄력성이 높아 여러 용도
로 쓸 수 있다. 러시아 농부들은 지금도 버섯과 열매를 채집
할 때 쓰는 바구니를 자작나무 껍질로 만든다. 한편, 광대한

시베리아에서는 순록 유목민의 전통적인 천막인 '춤(chum)'을 몇 년 전까지도 자작나무 껍질을 이어붙여 만들었고, 자작나무 가지를 엮어 만든 매트를 얼어붙은 바닥에 깔았다.

독일에서도 시골 마을에서는 여전히 1년에 한 번씩 5월 1

몇몇 또 다른 균류가 자작나무와 같이 살고자 한다. 예를 들어 광대버섯이 자작나무 근처에서 특히 잘 자란다.

일에 '위대한 생명의 전령'으로서 자작나무를 마을에 세운다. 이 나무를 '마이바움'이라고 부르는데, 자작나무를 마이바움으로 마을 중앙에 세우는 풍습은 수백 년 된 전통이다. 알프스의 외진 산악 마을에서는 여전히 청년들이 자작나무 가지로 만든 '생명의 막대'로 가축을 때린다, 새끼를 많이 낳아 널

리 퍼트리라는 의미다. 다산은 당연히 젊은 여자들의 소망과
도 잘 맞고, 그들의 소망이 이루어지면 기쁜 마음으로 어린
자작나무를 장식하여 아기가 방금 태어난 집 앞에 꽂는다.

자작나무의 선물 – 인류의 축복

이른바 '자작나무 역청'은 세계에서 가장 오래된 접착제로,
자작나무 껍질을 끓여 증발시켜서 만든다. 그것은 10만 년 전
에 벌써 무기와 도구 제작에 사용되었다. 약 6000년 전에 보
덴제(독일에서 세 번째로 큰 호수인 콘스탄스 호숫가에 자리 잡고 있는 도
시)의 유명한 호상가옥을 건축하는 데도 사용되었다.

자작나무는 물을 여과하는 이른바 정수 나무다. 자작나무
는 봄에 매일 최대 70리터의 물을 뿌리에서 나뭇잎 끝까지 퍼
올리고, 뜨거운 여름에는 수백 리터를 증발시킨다. 게르만족은
자작나무의 수액을 추출하여 마시는 법을 이미 알았다. 다행히
훨씬 적은 비용으로 활기와 건강을 주는 이 '봄물'이 오늘날 다
시 주목받고 있다. 친환경 상점에서 이 물을 살 수 있다. 자작
나무 물은 화장품과 모발관리에서도 중요한 재료이다. 껍질에
서 얻은 자작나무 설탕인 이른바 자일리톨은 오늘날 역시 친
환경 상점에서 구할 수 있다. 자일리톨은 놀랍게도 단맛을 주
면서 동시에 충치를 예방한다.

자작나무의 윤기 나는 어린잎을 우린 차는 몸에 활기를 주고 건강하게 하며, 몸과 마음을 모두 정화한다. 세안 후 이 액체를 바르면 피부가 맑고 깨끗해진다. 자작나무의 방부효과와 여러 장점은 껍질에 있는 베툴린 덕분이다. 과학자와 의사들은 현재 여러 대사질환, 당뇨, 동맥경화, 심지어 암을 치료하는 데 자작나무를 활용하고자 연구한다. 이 놀라운 나무의 선물은 수천 년 전부터 인류에게 진정한 축복이다.

수없이 많지만, 잎 하나하나 모두가 귀하고 저마다 세상의 고유한 섭리를 품고 있다. 자작나무는 온몸으로 온유, 은혜, 우아함을 뿜어낸다. 가을 안개 속에서, 폭풍우 속에서, 늙어서도, 죽음 안에서도 자작나무는 언제나 사랑스럽고 온화하다. 자작나무는 쾌활한 무용수였다가 지혜로운 마법사로 늙는다.

야생배나무

정원에서 숲 가장자리로 도망친 말끔한 도망자

숲 가장자리에서 야생배나무를 갑자기 맞닥뜨리면, 뭘 어찌해야 할지 몰라 멍해질 수 있다. 그렇게 마주한 야생배나무는 완전히 크게 자란 나무일 때도 있지만, 대개는 작은 관목이다. 마치 시비라도 걸 것처럼 관찰자를 빤히 노려본다. 금방이라도 시건방진 말을 뱉을 것만 같다. 그럼에도 관찰자는 그 순간 야생배나무의 매력에 빠지고 만다.

이 나무는 정원과 과수원에서 수없이 보는 재배종 배나무의 야생 자매이다. 둘을 구별하기란 쉽지 않고, 실제로 지금까지도 전문가들은 둘이 서로 다른 종인지 아니면 같은 종에서 파생된 '변종'인지를 두고 싸운다.

그러나 열매를 손에 들었거나 더 나아가 한 입 베어 무는 순간, 야생종 배나무와 재배종 배나무의 차이가 명확해진다. 맛이 좋으면 그것은 틀림없이 피루스 콤무니스(Pyrus communis), 즉 재배종 배나무이다.

정원에서 숲 가장자리로 도망친 말끔한 도망자

사촌지간인 원생종 사과나무와 마찬가지로, 재배종 배나무의 어머니인 원생종 배나무 역시 더는 존재하지 않는다. 들판의 배나무들은 아마도 자기 결정권이 있는 삶에서 행복을 찾기 위해 상대적으로 단조로운 정원이나 과수원에서 탈출했을 것이다. 다시 말해 그들은 스스로 다시 원시생활로 돌아간 재배종 배나무다. 야생으로 돌아간 모든 과일나무처럼, 야생배나무 역시 울창한 숲속에 살지 않는다. 그들의 영토는 큰 나무들과 힘들게 경쟁하지 않고도 빛과 온기를 얻을 수 있는 숲 가장자리나 들판이다. 그곳에서 그들은 때때로 최대 20미터까지 자란 늠름한 나무로서, 커다란 타원형으로 하늘로 늘씬하게 불쑥 솟은 말끔한 수관을 자랑한다. '열매 아치'라 불리는 우듬지의 모습은, 사실 수직으로 자라는 원줄기가 열매의 무게 때문에 둥근 아치 형태로 휘어져서 생긴다. 원줄기에 붙은 더 어린 줄기들이 이제 하늘을 향해 자라는 일을 이어받고, 언젠가는 그들도 원줄기와 같은 운명에 처한다. 이렇게 휘어진 줄기들이 결국 왕관을 닮은 전형적인 수관을 형성한다. 훌륭한 미용사의 노련한 손길이 닿은 것처럼 말끔하다. 지금까지는 교과서적인 설명이었다. 실제로 맞닥뜨리는 야생배나무는 이름에 걸맞게도, 잘 빗어 넘긴 머리를 강력한 돌풍이 방금 휩쓸고 지나 엉망으로 헝클어뜨린 것처럼 생겼다. 야생배나무는 나홀로 나무로

서 거칠게 마구 자라, 늙은 참나무의 거만한 태도를 상기시킨다. 그러나 야생배나무는 또한 때때로 언덕 경사면으로 완전히 구부러져서 나무라기보다는 차라리 보잘것없는 덤불처럼 보이고, 야생배나무로 알아보기가 거의 힘들다. 어릴 때는 가시로 자신을 보호하는데, 그것 때문에 다른 종으로 혼동되기도 한다.

야생배나무는 장미과에 속하는 활엽수로 여름에 푸르름을 뽐낸다. 크게 자란 나무일 경우 몸통 둘레가 80~120센티미터에 이르고, 껍질은 명확히 정육각형으로 갈라져 참나무와의 혼동을 막아준다.

잘못 알았다 – 야생이 아니라 숲이다

가지에는 찌를 듯이 뾰족한 '새싹 가시'가 달렸는데, 사실 이것 역시 일반적인 관목의 전형적인 특징이다. 야생배나무의 잎은 짙은 녹색의 타원형이고 잎 둘레가 미세한 톱니 모양이며 4월 말, 5월 초에 모습을 드러낸다. 꽃은 4월부터 피기 시작하여 6월 중순까지 나무 전체를 아름다운 연분홍색으로 장식한다. 꽃잎 다섯 장이 왕관 모양을 이루고, 그 안에서 호기심 많은 수술이 20~30개씩 밖으로 불쑥 솟는다. 배꽃의 수술은 벽돌색으로, 사과꽃의 수술과 아주 명확히 구별된다. 야생배나무는 대부분의 과일나무와 마찬가지로 자웅동주이고 양성화를 피운다. 즉, 꽃 하나에 암수가 같이 있다.

야생배나무에는 배라기보다는 오히려 꼬마 사과를 닮은 타원형의 연두색 열매가 쓸데없이 수두룩하게 열린다. 야생종 배에는 딱딱한 심이 여러 개씩 박혀있어서 먹을 수가 없다. '야생종'이라는 단어가 마치 개량되기 이전의 배를 뜻하는 것 같지만, 잘못 알았다. 여기서 '야생'이란, 야생종 사과와 마찬가지로 숲을 뜻한다. 그러니까 엄격히 말하면 '숲 배'이다.

수천 년 전부터 전 세계에서 경작되었다

오늘날 우리가 익숙하게 아는 약 20개 배나무종의 선구자는 아마도 빙하기 이후에 페르시아에서 지중해 지역으로 전진했을 터이다. 그것은 고대 그리스에서 유명했고 가치를 인정받았으며, 아무리 늦게 잡아도 로마 시대부터 개량되어 경작되었다. 오늘날 서유럽부터 동유럽 코카서스 깊숙한 곳까지 확산했지만, 북유럽

세계에서 배의 종류가 가장 다양한 나라는 놀랍게도 중국이다. 그곳에서 배나무는 오랜 전통을 가진다. 중국의 야생배인 '챈티클리어(Chanticleer)'는 보기에도 좋고 돌보기도 상대적으로 쉬워서 현재 서구 도시로 진입하고 있고, 앞으로 서구사회에서 더 자주 그것을 보게 될 것이다.

까지는 가지 않았는데, 비록 야생배나무가 영하 24도까지 견딜 수 있지만, 일반적으로 따뜻한 곳을 아주 좋아하기 때문이다.

독일의 경우, 야생배나무는 라인강과 엘베강 근처 숲에서, 북쪽보다는 남쪽에서 더 자주 발견되고, 특히 메클렌부르크포어포메른에서 평균 이상으로 많이 발견된다. 야생배나무는 매우 희귀한 나무이다. 정확한 수치로 보자면, 독일 숲에 사는 야생배나무는 약 14,000그루뿐이다.

몇몇 독일연방주에 야생배나무가 살고 있지만, 멸종위기가 아주 심각해져서 현재 임업계가 보존에 힘쓰고 있다.

고대 그리스와 밀접하게 엮여있다

호메로스는 고대 그리스인을 아르기버(Argiver)라고 불렀는데, 그들은 강의 신이자 아르고스의 첫 번째 왕인 이나코스(Inachos)의 통치 아래에서 펠로폰네소스에 정착했다. 약 5000년 전에 세워진 이 도시는 유럽에서 가장 오래된 도시이다. 신화에 따르면, 그곳에 처음 정착한 주민들은 거의 '아피아(Apia)'라는 야생배만 먹고 살았고, 나중에 나라 이름을 '아피아'라고 지었다. 야생배의 나라.
또 다른 그리스 신화에서 배는 매혹적인 과일로 등장한다. 연못에 갇혀 끔찍한 기아의 고통을 겪는 탄탈로스는 겨우 머리만 물 밖에 내놓을 수 있다. 연못가에 배나무가 있는데, 열매가 가득 달려 무거워진 가지가 그의 머리 위로 기울어져 있다. 배고픔을 달래기 위해 입으로 배를 따려 할 때마다 잔인한 바람이 불어와 나뭇가지를 높이 올렸다. 신에게 버림받은 그는 '탄탈로스의 고통'이라는 단어로 영원히 남아 지금도 여전히 고통받는다.

397년경 작품으로 지금까지 세계문학에서 가장 중요한 자서전으로 통하는 『고백록(Confessiones)』에서 아우구스티누스는 자신의 젊은 시절을 기술한다. 좋은 가문에서 자란 이 청년은 어느 날 밤에 이웃 정원에 열린 배를 모조리 따버렸다. 배가 탐이 나서 딴 게 아니라(장차 교회학자가 될 이 청년은 딴 배를 돼지에게 먹이로 던져주었다), 오로지 나쁜 행위를 함으로써 야만적인 죄악의 기쁨을 누리기 위해서였다.

게르만족에게 야생배나무는 성스러운 나무였고, 특히 나무 꼭대기에 걸려 있는 겨우살이는 아주 귀하게 여겼다. 그것은 강력한 신들과 신비한 용의 보금자리였고, 대단한 치유력이 있었다. 이런 믿음은 당연히 그리스도교 선교사들에게 눈엣가시였고, 그래서 그들은 이교도의 신들에게 봉헌된 야생배나무와 게르만족의 숭배를 아주 잔혹하게 배척했다.

그리스도교와 전통에서의 배

그러나 동시에 로마인이 완벽하게 개량한 배가 수도원 정원으로 진입했다. 개량종 배의 달콤한 맛은 사랑을 상징했고, 순백의 꽃은 동정녀 마리아의 순결을 상징했으며, 검붉은 수술은 예수의 피를 상징했다.

바이에른 북부의 질

배나무는 테오도르 폰타네(Theodor Fontane) 덕분에 영원히 남았다. 그는 1889년에 이런 시를 썼다. "하벨란트에는 리벡 아우프 리벡 씨가 살았다네. 그의 정원에는 배나무가 있었지…" 이 시는 영양분이 풍부한 달콤한 과일을 노래한다. 리벡 씨가 죽은 뒤에도 가난한 아이들이 이 과일을 맘껏 먹을 수 있었다.

렌바흐 근처 순례지와 마리아 비른바움(배나무) 수도원의 배나무들이 특히 유명하다. 이곳 성당에서는 거의 400년 넘게 '배나무 아래 성모'가 기념된다. 건축사적으로 중요한 이 성당은 오래된 배나무의 텅 빈 몸통을 중심으로 지어졌는데, 1632년에 불을 지르고 약탈하는 스웨덴 부대로부터 한 목동이 성모 마리아의 그림을 이 나무에 숨겨 지켜냈었다. 이 나무의 텅 빈 몸통은 지금도 제단 뒤에 서 있다.

다방면으로 사용할 수 있다

(야생)배나무의 목재는 희귀성과 뛰어난 품질로 인해 가장 귀한 전통 목재로 통한다. 호메로스 시대에 벌써 이 목재로

공예품이 만들어졌다. 이 목재는 곱고 단단하지만 자르기도 쉽다. 내구성이 좋아 오랫동안 척도 및 제도용 자를 만드는 데 사용되었다. 활판인쇄에 필요한 인쇄판을 만드는 데 이보다 더 적합한 목재는 없었다. 검게 색을 칠하면 손색없이 흑단을 대체할 수 있다.

배나무 목재는 전통적으로 악기 제작에서 특별한 역할을 했는데, 이 목재로 만든 피리는 부드럽고 따뜻한 음색을 가졌다. 그러나 음을 잘못 연주하는 순간 모든 애정이 사라지고, 피리 소리가 야생종 배 맛을 상기시킨다.

미신과 통풍약

배나무는 전통적으로 늘 남자의 나무로 통했고, 사과는 여성성을 상징했다. 알베르투스 마그누스(Albertus Magnus, 1193-

1280)가 이것을 기록하며, 배나무의 튼튼한 목재와 단단한 나뭇잎을 언급했다. 물론, 열매만은 여성의 아름다움에 비유되었다. 그래서 대중들로부터 다소 야만적인 별명을 여럿 얻었다. 여성의 허벅지, 처녀의 속옷, 엉덩이 배. 이런 표현에 얼굴을 붉히며 반박할 수도 있겠지만, 야생종 배를 먹어본 사람이라면, '지독한 과일' 혹은 '목을 조르는 배' 같은 표현에도 크게 동감할 것이다.

민간요법에서 배는 큰 역할을 하지 않는다. 그러나 이른바 '쐐기 박기'가 있었다. 다른 과일나무와 비슷하게(사과나무 참고), 그렇게 질병이 배나무로 옮겨갔다.

전염병에 맞서는 또 다른 오랜 관습이 있다. 전염병에 걸리면 "금요일마다 잠 잘 시간에… 어린 배나무 아래로 가서 이렇게 말한다. '나의 사랑하는 착한 배나무야, 나의 모든 고통과 고난 그리고 밤낮으로 나를 괴롭히는 부어오른 통증을 알아주렴. 하늘에 계신 주님, 자비를 베푸소서. 이 웅덩이를 지나는 첫 번째 새가 이 고통을 가져가게 하소서!'" 이어서 '주님의 기도'를 바치면, 치유의 마법이 환자를 낫게 한다고 믿었다.

유럽너도밤나무

사회성 높은 숲의 여왕

숲의 여왕이라 불리는 유럽너도밤나무는, 봄에 호기심 가득한 어린 잎을 세상에 빼꼼히 내밀어 존재감을 드러내는 활엽수 중 후발주자에 속한다. 아무리 빨라도 4월 말 5월 초나 되어야, 돌돌 말린 어린잎들이 여전히 잎눈의 두꺼운 갈색 껍질에 갇힌 채 꼿꼿하게 서서 활짝 피어난다. 겨울 동안 내부로만 향했던 나무의 관심이 이제 바깥세상을 향한다. 추운 몇 달 동안 침묵 속에서 취한 것의 보답으로 세상에 뭔가를 선물하려는 것처럼 보인다. 어린잎들이 역동적인 생명의 부드러운 힘을 발휘하며 서서히 빛을 향해 몸을 틀고 기지개를 켜고 서로를 지탱한다. 내민 손을 잡듯이, 연약하고 작은 잎들이 살짝 더 큰 바깥 잎에 살포시 기댄다. 눈으로는 감지할 수 없는 느린 속도로 잎들은 천천히 서로에게서 떨어져 점차 강해지고 몸을 활짝 편다.

그러면 마치 내면 깊숙한 곳에서부터 광채를 뿜는 것처럼, 나무 전체가 금세 연하고 부드러운 녹색으로 빛난다. 서곡이 끝나고 이제 본 공연이 시작된다! 바람이 웅장한 수관 주위를 돌며 흥겹게 춤춘다. 줄기를 쓰다듬고 가지를 흔들고 잎들을 휘감아 살랑살랑 꾀어내고, 쉬익쉬익 활기차고 명랑한 바람 소리를 만들어내며, 지난 겨울날을 영원히 과거에 묻는다. 유럽너도밤나무가 녹색으로 빛나면 곧 여름이 온다는 신호이다. 유럽너도밤나무 한 그루에 잎들이 약 60만 개나 달린다. 매년 잎 하나하나가, 엄마나무와 마찬가지로, 우주에서 유일무이하다. 그리고 이제 그 나무들이 서로 무리를 지어 둥근 지붕의 웅장한 궁전을 만들어낸다. 몸통, 줄기, 가지, 잎으로 구성된 이 궁전은 봄 산책자에게, 하늘에 닿는 높은 기둥을 자랑하는 오랜 대성당을 연상시킨다. 마치 이 한순간의 거룩함을 위해 세상에 나온 것 같다. 모든 시간이 이 한순간에 응집된 것처럼 경외감이 저절로 솟는다. 그렇다. 이 기적의 한복판에서 봄 산책자는 어찌할 바를 모르고 멍하니 서 있을 수밖에 없다.

반질반질한 껍질이 이 나무의 이름표다

참나무과의 유럽너도밤나무는 붉은너도밤나무라 불리기도 한다. 이때 '붉은'은 갓 쪼갠 목재의 색을 가리키는 것이지 나뭇잎의 색을 말하는 게 아니다.

붉은너도밤나무는 독일에서 세 번째로 흔한 나무종으로, 모든 나무의 약 15퍼센트가 붉은너도밤나무이다. 너도밤나무는 최대 40미터까지 자라고, 250~300살까지 산다. 너도밤나무는 반질반질한 은회색 껍질 덕분에 식별하기가 가장 쉽다. 울창한 숲에서 다른 모든 나무보다 높이 솟아 웅장한 나뭇잎 지붕을 형성한다. 그러나 또한 자립적인 나 홀로 나무로서 거의 2미터에 달하는 몸통 지름과 땅에 닿을 듯한 반달 모양 실루엣으로, 역시나 잊을 수 없는 강한 인상을 남긴다. 나무 전체가 수관처럼 보여, 진정한 여왕의 품위가 느껴진다.

거대한 뿌리 역시 여왕의 품위를 보이는 데 뒤지지 않는다. 거대한 뱀처럼 뻗은 뿌리는 마치 어떤 방해도 용서하지 않을 것처럼 축축한 바닥을 기어 뻗어나간다. 너도밤나무의 뿌리는 얕은 뿌리이면서 동시에 깊은 뿌리이고 그래서 정말로 희귀하다. 너도밤나무는 자웅동주로, 수꽃과 암꽃이 한 나무에 핀다. 잎이 싹을 틔울 때 함께 혹은 직후에 꽃들이 세상에 나온다. 긴 막대를 닮은 수꽃은 털북숭이처럼 꽃가루를 덮어쓰고 가지에 매달려 있다가, 미세한 꽃가루를 바람에 맡긴다. 바람은 이 꽃가루를 돌아올 수 없는 미지의 땅으로 데려간다. 암꽃은 잎자루와 가지가 맞닿아 있는 잎겨드랑이에서 피고, 한없이 부드럽고 둥근 덩어리를 형성하여 내부가 보이지 않게 가린다. 가을에 열매가 아주 많이 열리기 때문에 숲 거주자들이 먹고도 남아, 외부의 도움 없이도 혼자 힘으로 충분히 번식할 수 있다. 암꽃의 굳게 닫혔던 둥근 덩어리는 가시 돋은 집이 되어 소중한 열매를 보호하다가, 때가 되면 딱딱하게 굳은 뒤 벌어져 안에 품었던 무거운 열매를 내보낸다. 그러면 야생동물을 위한 진수성찬 뷔페가 차려진다.

사회성 높은 여왕

너도밤나무는 한때 논란의 여지가 없는 숲의 지배자였다. 너도밤나무의 개선 행진이 그다지 오래되지 않은 때였다. 너도밤나무는 약 5000년 전에 자신의 고향으로, 빙하기 때 떠날 수밖에 없었던 그곳으로 돌아가는 길을 택했다.

거의 알려지지 않았지만, 당시 너도밤나무의 확산에 인간의 도움이 매우 컸다. 방황하던 켈트족은 정착지를 마련하기 위해 당시 숲을 지배했던 자작나무와 소나무를 대대적으로 베어냈다. 그리고 매우 지배적이고 저항력이 높은 너도밤나무가 빈터를 점령했다. 두꺼운 나뭇잎 지붕을 만들어, 빛을 갈망하는 다른 나무들이 주변에 정착하지 못하게 막았고, 나중에는 결국 유럽 절반을 자치했던 참나무숲을 밀어냈다. 그러나 잘 알려졌듯이, 나무는 사회적 존재이고 서로 소통하며 심지어 영양분을 나누며 서로를 돕는다. 바로 너도밤나무 숲에서 봄에 이것이 명확해진다. 어리고 작은 너도밤나무는 이미 나뭇잎을 화려하게 펼치고 있지만, 우람한 어른 나무들은 아직 잎이 하나도 없다. 마치 부모가 아이들을 먼저 먹인 후, 나중에 식탁에 앉는 것과 같다. 다른 모든 꽃과 식물에도 이 기간은 매우 중요하다. 너도밤나무의 나뭇잎 지붕이 일단 덮이고 나면, 그 아래에는 햇살이 거의 들지 않아 살기가 몹시 어려워지기 때문이다.

오늘날 너도밤나무는 11개 종으로, 스웨덴에서 시칠리아까지, 대서양 해안에서 카르파티아산맥을 넘어 러시아 남부에 이르기까지 유럽 전역에 산다. 이 나무는 특유의 투지력 덕분에, 기후변화와 그로 인해 발생하는 가뭄을 견딜 수 있는 몇 안 되는 나무종에 속한다.

'요정나무'가 잔 다르크에게 비운을 안겨주었다

유럽너도밤나무는 수천 년 넘게 인간과 가축의 중요한 식량 공급원이었다. 이 나무의 학명인 '파구스 실바티카(Fagus sylvatica)'에서 벌써 식량 나무임을 짐작할 수 있다. 그리스어로

'파구스'는 음식을 뜻하고, '실바티카'는 목동과 숲의 신 실바누스(Sylvanus)에서 유래한 낱말이다. 그러니까 한마디로 이 나무는 '숲에서 나는 음식'이다.

그럼에도 중세시대부터 이 나무는, 마녀와 우상 숭배자들이 새벽까지 주변을 돌며 춤을 추었던, 마법의 나무 혹은 심지어 사탄의 나무로 알려졌었다. 1431년에 잔 다르크는 법정에서 이 나무 때문에 누명을 썼다. 그녀의 고향마을 동레미 근처에는, '요정나무'라 불리는 평판 나쁜 너도밤나무가 한 그루 있었고, 나무 근처에는 치유력이 있다고 전해지는 '천사의 샘'이 있었다. 노인들은 아이들에게 신비로운 장소의 이 나무 아래에서 요정들을 보았다고 이야기했다. 동레미의 어린 소녀들은 봄이 되면 이 나무 아래에서 노래하고 춤추며 겨울의 끝을 축하했고, 화려한 꽃장식으로 나무를 치장했고 성모마리아의 자비를 청하기 위해 이 나뭇가지로 화환을 만들었다. 잔 다르크는 같이 춤을 춘 사실을 인정했고, 즉시 사탄을 숭배했다는 비난이 쏟아졌다. 요정나무 아래에서 자라는 것으로 알려진 맨드레이크(마취제에 쓰이는 유독성 식물로, 과거에는 마법의 힘이 있다고 여겨졌었다―옮긴이)를 저주의 마법에 사용했다는 의심을 받았다. 그리고 잘 알려진 대로 그녀의 운명은 잔혹한 길로 들어섰다.

흔하게 눈에 띄는 지배적인 나무가 놀랍게도 민속설화에서는 거의 아무 역할도 하지 않는다. 너도밤나무는 추측하기로 인도 게르만 시대까지, 즉 독일 문화가 발달하기 훨씬 이전까지, 생식의 신으로 이교도들에게 숭배를 받았었다. 그러므로 너도밤나무가 물푸레나무보다 먼저 '인류의 위대한 조상'이었다고 해도 과언이 아닐 것이다.

너도밤나무 덕분에 인류역사가 기록될 수 있었다

무엇보다 너도밤나무는 한 가지 기능에서 독보적 존재이다. 바로 지식 전달이다. 구텐베르크는 너도밤나무 토막에 알파벳을 새겨 인쇄술을 개발했다.

구텐베르크의 활자들은 너도밤나무 토막에 새겨졌었다.

이미 옛날부터 반들반들한 은색 껍질에 후세에 남길 메시지를 새겼다. 중요한 메시지를 지키고 보존하기 위해 믿음직한 우람한 나무의 껍질에 새겨두었다. 숱한 연인들이 웅장한 나뭇잎 지붕의 보호 아래 서로의 마음을 나눴고, 우람한 몸통에 그들의 사랑을 새겨넣었다. 나무에 뭔가를 적는 것은 근대에 생긴 풍습이 아니다. 이미 수천 년 전 이교도 게르만 조상들이 너도밤나무에 메시지를 새겨넣었다. 그리고 그들의 메시지는 낭만적인 사랑의 표현이 아니라, 부족의 상징이나 마법과 주술의 표식이었다. 비밀이라는 뜻으로 '루나(runa)'라 불렸던 숭배의 상징이었다. 그들의 제사장은 보호와 치유의 마법과 지혜의 말에 루나를 사용했다. 여기서 24개 철자로 구성된, 지금의 알파벳과 비슷한 문자가 탄생했다.

너도밤나무에서 아기가 탄생한다는 전설이 있다. '아기 나무' '레온하르츠 나무(남아 나무)' '마가레텐 나무(여아 나무)'가 언급된다. 갓 태어난 여자 아이를 너도밤나무로 만든 통에서 처음 목욕을 시키면, 아이는 매우 사랑스러운 아가씨로 성장한다.

그것이 이른바 '고대 룬 문자'이다. 그러나 이 문자는 오로지 숭배 목적으로만 사용되었다. 흠집이 없는 새로 난 가지를 잘라 만든 막대에 룬 문자를 새겨넣고, 중요한 결정을 할 때 이 '너도밤나무 막대'에 오라클(신탁)을 청했다.[너도밤나무 막대가 독일어로 '부헨슈태벤(Buchenstäben)'이고, 여기서 알파벳을 뜻하는 '부흐슈타벤(Buchstaben)'이라는 단어가 만들어졌다.-옮긴이]

고대 로마 역사가 타키투스(Tacitus, 대략 58-120)는 서기 98년에 자신의 책 『게르마니아(Germania)』에 너도밤나무 막대 오라클 의식을 아주 상세하게 기록했다. "게르만 민족만큼 징후와 제비뽑기에 관심이 많은 민족도 없다. 제비뽑기의 과정은 단순하다. 잘 자란 나무에서 가지 하나를 잘라 작은 토막으로 만든다. 여기에 각기 다른 표식을 새긴 뒤 하얀 천 위에 아무렇게나 던져둔다. 공적으로는 부족장이, 사적으로는 가장이 오라클을 요청하면, 제사장은 신에게 기도를 올린 후 하늘을 쳐다보며 연달아 막대 세 개를 줍는다. 막대에 새겨진 표식에 따라 오라클이 해석된다."

너도밤나무는 죽어서도 인간을 이롭게 한다. 재가 되어 세제로 쓰이거나 비누 만드는 재료로 사용된다. 게다가 그것은 염증 완화 효과와 소독 효과도 있다. 서양고추나물 기름과 혼합하여 상처 위에 덮으면 붕대 구실을 하고, 궤양 치료제로도 쓰인다.

중세시대 치료사들도 당연히 붉은너도밤나무와 그것의 비밀을 알았다. 의사이자 식물학자이면서 약초학자였던 타베르내몬타누스(1522–1590)는 그의 인상적인 작품 『새 본초학』에 이렇게 적었다. "잎을 씹으면, 잇몸의 염증 및 궤양 예방과 충치 예방에 도움이 된다. 잎을 짓이겨서 바르면 연약한 팔다리가 강해진다. … 이 나무는 건축자재와 땔감 그 이상이다. 이 나무는 약으로 쓰이고, 목재는 무엇보다 물속에서도 망가지지 않는다. 그리고 농부들이 이 나무의 껍질로 바구니와 통을 만든다. 썩은 나무는 태워서 염료를 만드는 데 쓴다."

일단 완전히 볶아야 먹을만하다
말에게는 치명적일 수 있다

그러나 너도밤나무의 열매에는 트리메틸아민, 사포닌, 옥살산 같은 독물질이 들어있다. 독성의 강도는 다양하다. 강도에 따라, 위장과 대장 질환, 구토와 설사를 일으키고, 마비 증상과 경련도 일으킬 수 있다. 그러나 또한 너도밤나무의 열매를 아무 문제 없이 소화하는 사람들도 많다. 그래서 이 열매는 옛날에 인간의 식량 공급원으로 한몫을 했다. 19세기까지 그리고 2차 세계대전 후 먹을 것이 없던 시절에, 방앗간에서 이 열매의 기름을 짜 요리할 때 혹은 등잔불 연료로 사용했다. 또한, 너도밤나무 열매는 도토

너도밤나무에서 추출한 타르는 '크레오소툼(Kreosotum)'이라는 이름으로 치과 치료 때 소독제와 국소마취제로 사용되었다. 이것은 동종요법에서 예를 들어 습진, 과민성 기침, 치통을 없애는 데 여전히 사용된다.

리와 비슷한 공정을 거쳐 커피 대용품 생산에 사용되었다. 볶으면 독물질이 제거되는 동시에 향까지 좋아진다.

너도밤나무의 열매는 조류와 설치류에게 인기가 아주 높다. 하지만 특히 말과 송아지가 열매나 열매의 기름을 짜고 남은 찌꺼기를 먹으면, 독 때문에 죽을 수도 있다. 500~1,000그램만 먹어도 말이 죽을 수 있다. 격렬한 경련과 호흡곤란을 겪다가 결국 질식사한다.

영원한 라이벌: 숲의 여왕과 나무의 왕

목재로서는 너도밤나무가 참나무보다 열등했다. 잘 썩고 견고성이 약한 너도밤나무와 달리, 참나무는 다방면으로 쓰임새가 많고, 특히 선박 건축재와 건물 외장재로 적합했기 때문이다. 게다가 참나무는 도토리를 제공함으로써 재래식 양돈에

서 중요한 역할을 했다. 너도밤나무는 단지 땔감 면에서만 참나무보다 우월했다.

타르 기름으로 방부 처리한 너도밤나무 철도 침목이 40년

이나 거뜬하다는 사실이 밝혀지면서, 너도밤나무는 비로소 임업에서 큰 의미를 획득했다. 이렇게 만들어진 너도밤나무 침목은 참나무 침목 못지않게 내구성이 좋았다. 너도밤나무 목재가 좋은 가격에 팔릴 수 있게 되자 너도밤나무 숲 조성이 다시 활기를 띠었다. 1930년경에 벌목한 너도밤나무 목재 중에서 절반만 땔감으로 쓰였고, 나머지 절반은 철도 침목 그리고 세탁통이나 빨래집게, 솔, 수저 등 생활용품 제작에 사용되었다. 그러나 이제 다른 연료가 장작을 밀어내고, 너도밤나무 목재로 제작되었던 생활용품이 플라스틱으로 대체되면서 상황이 완전

히 달라졌다.

현재 너도밤나무는 가구, 벽 마감재, 계단건축에 필요한 중요한 목재이다. 가문비나무와 소나무 이외에 너도밤나무 역시 산업 목재로 주로 사용되지만, 다른 한편으로 총 250개가 넘는 분야에서 다양한 용도의 특수 목재로 사용된다.

서양회양목

자유롭게 두면 맘껏 가지를 뻗고 큰 나무로 자란다

회양목이라고 하면, 호기심 많은 이웃과 행인의 눈길을 가로막기 위해, 가지가 서로 얽히고설킬 만큼 빼곡하게 심어진 생울타리가 떠오른다. 그리고 고객의 눈을 즐겁게 하려고 공원 조경사가 온갖 모양으로 다듬어 놓은 달갑지 않은 모습도 생각난다. 공 모양으로 둥글게 다듬어진 공동묘지의 회양목은 완벽한 구 형태와 늘 푸른 잎으로 우리에게 영원을 연상시킨다. 그러나 이 나무가 이곳에서 얼마나 간절히 유럽주목처럼 자유롭게 크게 자라고 싶을지 알아주는 사람은 거의 없는 것 같다. 회양목은 수세대에 걸쳐 프랑스와 이탈리아 궁전 정원에서, 꼼꼼하게 잘 다듬어진 말끔한 녹색 테두리를 화단에 제공했다. 알록달록 화려한 꽃들의 색채 향연은 암녹색 회양목 테두리와 대조를 이룰 때 비로소 그 아름다움이 빛을 발한다. 그러나 우리는 이 사실을 그저 무의식적으로만 안다.

일부 지역에서는 약간의 다채로움을 위해 암녹색 테두리에 '무늬를 넣는다'. 유전자 조작으로 잎에서 엽록소를 제거하여 녹색에 하얀 기운이 감돌게 한다. 또한, 생각 없이 너무 작은 화분에 억지로 심겨, 불행하고 슬픈 포로 생활을 힘겹게 견디며 살아가는 회양목도 드물지 않다. 빽빽하게 심기고 말끔하게 다듬어진 회양목 생울타리 앞에 서면, 마치 거대한 초록 장벽이나 반듯한 주춧돌에 직면한 기분이 든다. 그러나 울타리 안으로 손을 넣으면, 바깥 가지에만 잎이 달렸고, 서로 얽혀있는 안쪽 가지에는 잎새 하나 달리지 않았음을 즉시 알게 된다. 그곳은 바깥세상과 차단되어 어떤 빛도 뚫지 못하는 영원한 어둠이다. 초록색 관과 같다.

공동묘지에서 영원한 삶을 상징하는 회양목이, 정작 본인은 영원한 삶이 자신에게 주어지지 않기를 몰래 소망한다 해도, 누가 이 작은 회양목을 탓할 수 있으랴.

개미들이 번식을 돕는다

회양목 본연의 모습을 아는 사람은 많지 않다. 자유를 사랑하는 쾌활한 이 작은 나무는 바람만큼이나 아주 많은 형태를 가졌다. 알프스 북쪽에서는 대부분 관목에 머물지만, 속박 없이 자유롭게 두면 사방으로 맘껏 가지를 뻗으며 큰 나무로 자라고, 길쭉한 공 모양의 수관이 전체를 감싸게 된다.

가죽 느낌의 타원형 잎은 약 3센티미터 길이로 자라고, 둘레가 매끄럽고, 왁스를 바른 듯 윤기가 흐르며, 양초를 만질 때처럼 단단하면서도 매끄럽고 편안하다. 잎의 윗면은 짙은 녹색이고 아랫면은 연한 녹색에 광택이 없다. 잎자루가 아주 짧고, 잎맥은 곧게 뻗은 강줄기처럼 굵고 선명하다. 회양목은 자웅동주이다. 암꽃과 수꽃이 따로 있는 다른 여러 나무와 달리, 회양목은 암수가 한 '꽃무리'에 있다. 3월에서 4월까지, 때로는 5월까지, 잎자루와 가지가 맞닿아 있는 잎겨드랑이에 눈에 잘 띄지 않는 연노랑 꽃무리가 아주 소박한 아름다움을 드러낸다. 손에 닿는 촉감이 병아리 솜털처럼 보들보들하다. 꽃무리 중앙에 커다란 암술대 세 개가 섰고 그 안에는 장차 열매가 될 맑은 알맹이 세 개가 있다. 암술대는 잎과 거의 비슷한 연한 녹색이라 눈에 잘 띄지 않는다. 암술대 주변에는 수술대 여럿이 섰고, 수술대에는 각각 4~6개의 무거운 수술이 달렸다. 고운 금가루를 뿌린 듯 미세한 꽃가루가 수술을 덮고 있다. 평소 전혀 눈에 띄지 않던 회양목은 이맘때가 되면 몇 안 되는 작은 잎을 그 어느 때보다 짙은 녹색으로 치장하고 빛나는 황금빛 꽃을 더하여 어떤 보석도 해낼 수 없는 예술적 아름다움을 연출한다. 오로지 개미 몇 마리와 예민한 꿀벌만이 이 특별한 아름다움을 알아차리고 기꺼이 그들을 방문한다. 꿀벌은 회양목 꽃향기를 매우 사랑한다.

개미를 초대하는 것은 매혹적인 꽃향기가 아니라, 9월에 열리는 열매의 향기이다. 열매에는 작고 까만 씨가 각각 두 개씩 들어있다. 개미들이 열매를 멀리 끌고 간다. 그렇게 회양목은 개미를 통해 확산한다. 중부 유럽 나무종으로는 확실히 희귀한 사례이다.

회양목명나방의 유충

멀리 뻗는 뿌리와 주름진 껍질

서양회양목은 유럽주목만큼이나 천천히 자란다. 영원을 상징하는 나무인데, 뭘 위해 서두른단 말인가. 여하튼 100세쯤 되면 최대 8미터까지 자라고 그러면 몸통 여럿이 얽혀 전체 둘레가 믿기지 않겠지만, 30미터에 달할 수 있다.

껍질은 회갈색에 쭈글쭈글하고 잘게 갈라져 있다. 촘촘한 심장형 뿌리는 깊이 아래로 파고들기보다 오히려 멀리 넓게 뻗어나간다. 회양목 아래에는 식물이 거의 자라지 않지만, 근처에 혹은 틈새에 끼어서 자라는 나무종이 있다. 회양목처럼 온기를 좋아하는 나무들로, 예를 들어 단풍나무, 야생배나무, 신양벚나무 등이다.

꼬마 퇴마사

회양목은 때때로 개미의 도움으로 열매를 정원이나 공원 밖으로 탈출시키는 데 성공한다. 그러면 이 열매에서 자라나온 나무는 길가 경사면에 숨어 식물로서의 자유를 누린다.

반면 회양목 숲은 거의 없다. 설령 있더라도 아주 예외적인 경우로 손에 꼽힐 정도다.

바덴뷔르템베르크 남서쪽 깊은 내륙의 그렌차흐빌렌 자연보호구역에 회양목 몇천 그루가 군락을 이룬다. 일본에서 온 회양목명나방이 2007년부터 2010년까지 이곳의 회양목에게 잔혹한 종말을 안겨줄 위기였다. 이 나방의 유충은 오로지 회양목 잎만 먹기 때문이다. 2011년에 결국 관계 당국은 나방 퇴치를 포기했고, 유럽에서 가장 오래되고 넓은 회양목 숲을 영원히 잃었다고 체념했다. 놀랍게도 2012년부터 숲 전체가 다시 회복되기 시작했다. 최대 4미터까지 자란 회양목들이 숲을 이루며 살아남을 거라는 큰 희망도 같이 살아남았다.

모젤강가, 뢰프지역, 그리고 스위스와 프랑스 국경지대인 쥐라산맥에도 소규모지만 회양목 숲이 있다. 회양목은 기본적으로 고향인 프랑스 남서부와 스페인 그리고 유럽 남동부의 지중해성 기후를 좋아한다. 회양목은 튀니지와 리비아, 또는 이라크와 흑해의 코카서스 연안에서도 토종 나무에 속한다.

회양목 잎은 버드나무와 더불어 성지 주일에 그리스도의 예루살렘 입성을 기념하는 중요한 성지 가지 역할을 한다. 회양목은 풍습에서도 대단히 중요한 역할을 한다. 이를테면 회양목은 사탄을 쫓아낸다. 히에로니무스 보크

농촌에서는 새해에 온 가족이 한자리에 모여 앉아 이른바 '물 점'을 친다. 모든 가족 구성원이 회양목 잎을 하나씩 물 대접에 띄운다. 다음 날 아침에 여전히 녹색을 유지하는 잎의 주인은 한 해 동안 건강할 것이다. 얼룩진 잎은 중병을 뜻했고, 검게 변한 잎은 심지어 죽음을 뜻했다. 회양목과 관련된 여러 오라클 풍습이 프랑스에서 불가리아에 이르기까지 중부 유럽에 널리 퍼져있다.

(Hieronymus Bock)가 1546년에 작성한 『본초학(Kreütterbuch)』에는, 회양목을 보고 도망치는 바알세불 목판화가 그려져 있다. 성지 주일에 신자들은 미사 전에 회양목 다발을 봉헌하는데, 이렇게 봉헌된 가지에서 잎 다섯 장을 떼어 가축 먹이에 섞으면, 벌레와 질병을 몰아낼 수 있다고 전해진다. 이 나뭇가지는 지붕에서 피뢰침 구실도 했다. 또한, 1875년 빌헬름 만하르트(Wilhelm Mannhardt)가 자신의 책 『숲과 들판 숭배(Wald- und Feldkulte)』에 적었듯이, 집안 어딘가 "성수통 안에 회양목 가지 하나를 꽂아두었다가, 다가오는 폭풍으로부터 집을 보호하기 위해 혹은 장례식 때 관에 누운 시체에 성수를 뿌릴 때 성수채로 사용했다."

회양목은 극단적으로 느리게 성장해서, 그 목재는 대단히 무겁고 단단하며 특히 내구성이 좋고 매우 탄력적이다. 회양목 목재는 오보에의 전신인 숌(shawm)이라는 악기와 판화 제작에서 매우 사랑받는 재료이다. 뿌리는 담배 파이프 대통과 목공예에 귀한 목재를 제공한다.

유럽마가목 – 로완나무
수수함 안에 화려함이 숨겨져 있다

로완나무는 보잘것없다. 눈길을 끄는 것 하나 없이 배경에 완전히 녹아들어 주변과 하나가 되고, 그다지 크지도 우람하지도 않아 거의 관목처럼 보인다. 숲 가장자리 따사로운 곳에 자리를 잡고 야생 관목들 틈에서 눈에 띄지 않게 조용히 살거나, 인간으로부터 가로수의 삶을 강요받아 사람들의 시선에 갇혀 산다. 로완나무는 비록 초봄에 잎이 나는 나무에 속하지만, 이목을 집중시키지는 않는다. 깃털 모양의 잎 때문에 어린 물푸레나무와 혼동하기 쉽다. 잎으로 햇빛을 반사하여 화려한 빛 공연을 펼치는 물푸레나무와 달리, 로완나무는 빛 공연을 좋아하지 않는다. 그러나 열매가 열리면 비로소 로완나무의 진가가 발휘되어 그 아름다움이 빨갛게 타오른다. 깃털 모양의 잎 역시 열매의 아름다움에 밀리지 않는다. 길이가 최대 6센티미터이고 너비가 약 2센티미터인 작은 잎사귀 9~17개가 모여, 길이가 최대 20센티미터이고 너비가 10센티미터인 깃털 잎 하나를 구성한다. 개별 잎사귀들은 뾰족한 타원형이고 잎 둘레는 아주 불규칙적인 날카로운 톱니 모양이다. 윗면은 연한 초록색이지만, 아랫면은 탁한 쑥색에 가깝고 솜털이 있다.

수수함에서 화려함으로

4~5월에 비로소 동그란 꽃망울이 수백 개씩 모습을 드러내면, 수수한 로완나무 안에 뭔가 화려한 것이 더 숨어있음을 알게 된다. 털이 보송보송한 커다란 꽃자루에 200~300개에 달하는 새하얀 꽃 진주들이 달리고, 곧 이 진주들이 열리면서 마법의 내면이 드러난다. 서비스트리 혹은 야생서비스트리 같은 다른 마가목들과의 친척 관계가 이때 아주 명확해진다. 그러나

로완나무의 새하얀 꽃은 친척들보다 훨씬 순결하고 눈부신 것 같다. 로완나무는 다섯 살 어린 나이에 벌써 꽃을 피울 수 있다. 자웅동주에 양성화로, 작은 꽃 하나하나에 암술과 수술이 같이 있다.

자기 수분을 방지하기 위해, 꽃가루를 덮어쓴 수술이 먼저 생식능력을 갖추고, 그다음에 암술이 성숙한다. 그래서 크게 자란 암술이, 배고픈 곤충이나 바람이 가져다준 다른 로완나무의 꽃가루와 수분할 확률이 아주 높다. 성숙한 암술은 내부에 '밑씨'를 꼭꼭 감추고 수술 사이에서 불쑥 튀어나와 있다. 이제 꽃가루가 암술머리에 '흉터'처럼 표시된 착륙지점에 무사히 내려앉아 발아한 후 '꽃가루관'을 가지고 내부로 들어가 그곳에 있는 난세포에 도달하여 '정핵'을 전달한다.

정핵과 난세포의 융합으로 수분이 완성되어 엄마나무와 아빠나무의 유전물질을 가진 씨가 생긴다. 이것은 인간의 생명 탄생만큼이나 위대한 기적이고, 이런 기적이 수십억 번씩 계속 반복해서 일어난다. 꽃 크기는 지름이 1센티미터를 넘지 않고, 각각 다섯 개의 꽃잎과 꽃받침으로 구성된다. 꽃잎의 보호 속에서 최대 20개의 수술이 마치 웃자란 줄기처럼 혼돈의 무질서 속에서 삐죽이 고개를 내밀고, 수술들 한가운데에서 불쑥 솟은 암술대 끝의 암술머리에는 흉터가 하나 있는데, 이곳에 꽃가루가 착륙한다.

우아함

로완나무는 최대 120살까지 살 수 있고 약 15미터까지 자랄 수 있다. 나홀로 나무라면 햇빛을 넉넉히 받아 20미터 이상까지 자란다. 첫 20년 동안은 생존을 보장받기 위해 아주 빨리 자란다. 그 뒤로는 거의 제자리걸음이다. 로완나무는 결코 우아함을 잃지 않는다. 자유분방하게 형성된 수관은 주로 조경사의 손에 둥글게 다듬어지지만, 자연 상태로 두면 타원형을 이루고 가지도 듬성듬성 성기게 난다. 로완나무는 빼빼 마른 몸통을 감추지 않는다. 연약한 몸통에서 가지가 비스듬히 위로 뻗는다. 어릴 때 매끄럽고 환했던 연녹색 껍질은 나이가 들수록 탁한 회색으로 퇴색한다. 껍질에는 '껍질눈'이 아주 많은데, 잎뿐만 아니라 껍질로도 숨을 쉴 수 있다.('서양개암나무' 참고)

이 모든 것 때문에 로완나무가 우아하면서도 연약해 보이지만, 놀랍도록 깊이 파고드는 뿌리가 아주 단단하게 나무를 지탱한다. 로완나무는 씨에서 새싹을 틔우는 방식 말고도, 그루터기 혹은 뿌리에서 새싹을 틔워 번식하기도 한다.

현란한 다홍빛

눈에 잘 띄지 않고 심지어 칙칙해 보이기까지 하던 나무가

7~8월 한여름이 되면, 붉게 빛나는 열매로 시선을 사로잡는다. 꽃대 하나에 우산 모양으로 배열되어 무더기로 핀 꽃들이 수분을 마치고 이제 다홍빛으로 빛나는 열매들을 수없이 탄생시킨다. 지름이 최대 1센티미터인 동그란 열매의 무게에, 꽃대 전체가 눈에 띄게 아래로 처진다. 로완나무의 자매인 아름다운 야생서비스트리가 가을에 잎으로 펼치는 현란한 다홍빛을('야생서비스트리' 참고), 로완나무는 여름에 열매로 펼친다.

"로완나무로 가득한 숲은 얼마나 아름다운가. 불타는 나무들,
나뭇가지, 거기서 생기 넘치는 산호초가 자란다. 검은 새들이
날아와 색채 공연을 완성하는구나! 낙엽의 모습으로 동화처럼
내게 왔다가 바람을 타고 바람처럼 솟아오른다!"

– 엘제 라스커슐러(Else Lasker-Schüler)

로완나무 열매는 꼬마 오렌지처럼 생겼는데, 씨가 세 개이고 생물학적으로는 사과 종류로 분류된다. 조류는 60종, 여우나 오소리 같은 포유류는 최대 20종이 이 열매를 먹는다. 그러면 발아를 방해하는 부분은 사라지고 씨만 그들의 배에 남았다가, 배설 뒤에 아주 운이 좋으면 새로운 장소에서 싹을 틔우고 새로운 나무로 자란다. 귀한 열매가 종종 이듬해까지 가지에 달려있기 때문에, 로완나무는 황량한 겨울 동안 식량 창고 구실을 톡톡히 한다. 이것은 유럽주목을 생각나게 한다.

유럽주목 역시 빛나는 빨간 열매로 겨울에 아주 비슷한 구실을 하기 때문이다. 이것 말고는 닮은 점이 전혀 없는 두 나무 사이에 실제로 연결 고리가 하나 있다. '주목'의 독일어 이름인 '아이베(Eibe)'는 켈트족이 쓰던 갈리아어에서 유래했다. 갈리아어로

로완나무는 별칭이 150개가 넘는다. 그만큼 이 나무가 문화적으로 의미가 크다는 뜻이다. 게르만족은 예배 장소 주변에 로완나무를 울타리처럼 심었다.

주목은 '에부로스(Eburos)'였다. 이것이 켈트 언어권에서 '아이벤-에쉐(Eiben-Esche)'로 발전하여 결국 '에버에쉐(Eberesche, 로완나무)'가 되었다. 그러므로 '에버에쉐'가 ('가짜 믿음'을 'Aberglaube'라고 하는 것과 같은 맥락에서) '가짜 물푸레나무'라는 뜻의 '아버에쉐(Aberesche)에서 발전했다는 이론은 어원학적으로 틀리다.

로완나무는 모든 주요 과일나무와 마찬가지로 장미과에 속한다. 로완나무는 유럽 전역에 퍼져 동쪽으로는 시베리아 서부까지, 남쪽으로는 스페인 북부까지 그리고 코르시카와 시칠리아에서 자란다. 중부 유럽에서 주요 분포지는 알프스 지역인데, 이곳에서 로완나무는 해발 2,400미터까지 올라갈 수 있다.

새를 잡기 위한 미끼로 그리고 배탈약으로

특히 새들이 로완나무 열매를 좋아한다. 그래서 수백 년

동안 열매는 정교한 새 덫에 놓여 미끼로 사용되었다. 큰 산짐승 사냥이 금지된 시골 주민들에게 새 사냥은 영양보충 면에서 매우 중요했다. 로완나무의 학명은 '소르부스 아우쿠파리아(Sorbus aucuparia)'인데, 여기에 새 사냥의 뜻이 담겨있다. '아베스 카페레(aves capere)'가 바로 '새를 잡다'라는 뜻이다.

민간요법은 로완나무를 애용했다. 열

마법사 드루이드의 지팡이는 로완나무의 목재로 만들어졌다고 한다. 아마도 열매가 달린 절묘한 아름다움 혹은 섬세한 우아함 덕분에 로완나무는 행운의 나무가 된 것 같다. 로완나무는 천둥의 신 도나르에게 봉헌되었는데, 도나르가 가장 사랑하는 염소가 로완나무 잎을 아주 좋아했기 때문이다.

매에 독이 들었다는 소문이 널리 퍼졌지만, 그것은 오래된 오해다. 과도한 섭취가 기껏해야 배탈을 일으킬 수 있지만, 어차피 쓴맛이 워낙 강해서 배탈이 날 정도로 많이 먹을 수도 없다.

반면, 잼이나 주스 혹은 젤리로 가공된 열매는 위장질환 및 소화 장애 치료에 확실히 효과가 있다. 이 부분에서 로완나무는 다시 고대부터 소화불량과 이질 치료에 사용된 다른 마가목 자매들과 비슷하다.('서비스트리'와 '야생서비스트리' 참고)

아름다운 나뭇결을 자랑하는 로완나무 목재는 섬세한 목공예에 적합하다. 고목의 목재는 참나무 목재와 견줄 만큼 아주 단단하다. 그래서 옛날에는 로완나무 목재로 수레바퀴를 만들었다.

나무 속 유령

안개 자욱한 길가
로완나무 한 그루.
피를 뿌린 듯 시뻘건 열매,
벌거벗은 우듬지에 웅크린 유령.

앙상한 손에 들린 바이올린 하나,
인간의 힘줄로 팽팽하게 맨 바이올린 현.
은빛으로 반짝이는 두개골,
그 위에 올려진 열매 화환.
…
한 사내아이가 길을 걸어 다가온다.
무거운 책가방을 메고 학교 가는 길,
동풍이 불어와 아이의 얼굴에 피리를 분다.
사내아이는 아랑곳하지 않는다.

용감하게 내딛는 발걸음,
경쾌한 크리스마스 캐롤을 흥얼댄다.
나무 속 유령이 귀를 쫑긋 세우고 엿듣는다.
조용히 아이의 노랫소리를 듣는다.

유령이 아이의 머리로 화환을 던지고,
차가운 물방울이 큰소리로 웃으며 떨어진다.
저런, 아름다운 화환을 떨어트렸네! --
비명과 함께 까마귀 떼가 윙윙대며 난다.

- 파울 하이제(Paul Heyse)

• 로부르참나무

• 야생서비스트리

• 구주물푸레나무

• 유럽서어나무

• 독일가문비나무

• 유럽주목

2장

빛을 길들여 은은히 퍼트린다

유럽주목

덧없음, 죽음, 영원의 상징

고요한 숲을 에워싼 늦가을의 짙은 안개처럼, 영원의 숨결이 주목을 감싼다. 속이 빈 몸통, 촘촘히 박힌 바늘잎, 껍질, 손짓하듯 흔들리는 가지. 주목은 오래된 기념비처럼 매혹적인 동화를 속삭이고, 우리는 자기도 모르는 사이에 모든 동작을 멈춘다. 집광렌즈에 햇빛이 모이는 것처럼, 늙은 주목의 현재에 모든 시간이 모여 같은 시대가 되고, 그 순간 온 세상이 고요해진다.

덧없음, 죽음, 영원의 상징

주목은 유한성과 덧없음을 상징하고, 공동묘지에서 가장 흔한 나무가 되었다. 주목은 공동묘지 진입로 양쪽에 울타리처럼 줄지어 서서 침묵을 상기시킨다. 수많은 문상객과 상주들이 고개를 숙이고 이 길을 통과하여 사랑하는 사람을 영원한 휴식처에 안치했다. 주목은 죽음에 둘러싸여 있다. 그리고 또한 죽음을 뿜어낸다! 주목의 숨구멍에서는 산소뿐 아니라, 여러 마약에 함유된 알칼로이드 탁신이라는 독성물질도 방출된다. 이 독은 심장과 중추신경계를 마비시킬 수 있고 몸살과 두통을 일으킬 수 있다. 몸통, 껍질, 줄기, 가지, 잎 등 주목 전체에 이런 신경독이 흐른다. 단, 씨를 감싸고 있는 선홍색 껍질인 가종피(Arillus)와 미세한 꽃가루에만 이 독이 없다. 이들에게는 아주 특별한 임무가 있는데, 그것에 대해서는 뒤에서 다루기로 하자.

이 독은 방목한 젖소의 우유를 통해 인간에게 전달될 수 있다. 그러면 특히 아이들이 위험하다. 그리스 의사 디오스코리데스(Dioscorides)가 이미 1세기에, 급사 위험이 있으니 주목 그늘에서는 쉬거나 잠들지 말라고 경고했다.

"사람들이 말한다, 잠은 위험하다고,
너의 바늘잎을 태운다.
아, 너의 숨결이 나를 감쌀 때
나의 정신은 더없이 말짱했다!"

독일 시인 아네테 폰 드로스테휠스호프(Annette von Droste-Hülshoff)는 위의 시 「주목 장벽(Die Taxuswand)」에서, 주목 연기의 환각 효과를 아주 명확하게 암시한다.

부드러운 바늘잎, 단단한 목재

그럼에도, 이 나무에서는 친근함이 느껴진다. 손을 뻗어 쓰다듬으면 넓은 바늘잎이 부드러운 촉감을 준다. 잎은 여덟 살까지 나무에 붙어 있다가 각자 따로따로 나무를 떠난다. 공원과 공동묘지에서는 종종 잘리고 다듬어져서 본연의 모습대로 자라지 못한다. 이곳에서는 반듯한 생울타리로 혹은 반달 모양, 주사위 모양, 때로는 심지어 우스꽝스러운 모양으로 다듬어진다. 자유롭게 자라도록 내버려 두면, 거대한 타원형으로 자란다. 손가락이 수없이 많은 손처럼 자라 어디에서나 세상과 닿는다. 몸통이 여럿인 경우도 종종 있다. 나이가 들면 이 몸통들이 하나로 합쳐져서 마구잡이로 얽혀 자란 듯한 기이한 모습이 된다. 나무의 아주 명확한 특징인 껍질은 홍갈색 동판처럼 벗겨져 신비한 기운을 뿜어낸다. 주목은 자웅이주이다. 즉 암나무와 수나무가 따로 있다.

> 가장 최근에 밝혀진 사망 사건은 2009년에 일어났는데, 시험 기간에 긴장을 풀어줄 거라는 잘못된 추측으로, 한 여대생이 주목 잎으로 차를 끓여 마셨다.

수나무 가지 끝에 피는 수꽃은 작은 구슬 모양의 털북숭이이다. 수꽃은 최대 4밀리미터 크기이고, 대부분의 활엽수가 아직 활동하기 전인 2~3월에 적정 기온이 되면 즉시 미세한 꽃가루를 바람에 날려 보낸다. 가벼운 꽃가루는 바람을 타고 거침 없이 숲 전체를 여행하여 멀리 날아가 낯선 땅에 착륙하거나 암꽃의 '수분액'에 달라붙는다.

암꽃은 눈에 띄지 않는다. 기껏해야 2밀리미터쯤 되는 원뿔 모양으로, 바늘잎 무더기 아래에 감춰져 있다. 암꽃을 덮고 있는 '비늘' 덮개들이 밑씨를 보호한다. 꽃이 피면 꽃가루를 매혹하는 액체방울이 원뿔 끝에 맺히고, 여기에 내려앉은 꽃가루는 증발의 힘으로 밑씨에 도달하여 자신의 존재 의미를 완성한다. 수분의 기적이 일어난다. 수분한 꽃에서 '가종피'가 형성된다. 가종피란 씨를 감싸고 있는 선홍색 껍질을 말한다. 이 열매는 작은 앵두처럼 생겼고 밝은 선홍색으로 배고픈 새들을 유혹한다. 가종피는 약 20퍼센트가 당분이고, 유일하게 독성이 없다. 새들이 이것을 통째로 먹고, 소화되지 않은 씨를 나중에 배설한다. 그렇게 주목은 새를 통해 확산한다.

찌르레기, 지빠귀, 특히 미슬지빠귀 같은 몇몇 새들은 주목의 우거진 가지와 풍성한 바늘잎 환경을 아주 좋아한다. 미슬지빠귀는 황량한 겨울에 겨우살이 열매와 주목의 가종피를 먹고 산다. 나무 하나를 정하면, 다른 새들이 오지 못하게 필사적으로 방어한다. 이런 방어 덕분에 몇몇 주목의 붉은 가종피는 크리스마스, 연말연시, 그리고 이듬해 2월까지도 자연의 특별한 묵주알처럼 예쁘게 달려있다. 세상에 나온 어린 주목 앞에는, 수천 년이 될 긴 생애의 수많은 역경이 기다리고 있다. 주목은 아주 느리게 자란다. 아무리 빨라도 10년이 지나야 2미터에 도달한다. 그전에 어린 주목은 애석하게도 거의 언제나 야생동물에게 희생된다. 토끼와 노루는 주목의 독성에 아무런 해를 입지 않는다. 운 좋게 야생동물을 피하면, 100년의 모험 뒤에 최대 20미터까지 자라고, 그 후로 위로 크는 건 멈춘다. (인간에게는 달갑지 않은 공통점인데) 옆으로 크는 건 평생 지속되어 몸통이 계속 굵어진다.

주목 목재는 아주 단단하고, 나이테는 거의 알아볼 수 없을 정도로 가늘고 송진도 없다. 주목의 시간개념으로 보면, 유년기가 대략 250년인데, 유년기가 끝나면 주목은 몸통의 씨심을

제거하기 시작한다. 이것이 대부분 죽어가는 표시로 잘못 해석된다. 죽음을 부르는 고난처럼 보이는 이 과정이 사실은 생존 전략이다. 주목은 박테리아 감염으로 오래된 몸통의 씨심을 잃는다. 씨심이 썩어 없어진다.

프랑스의 오랜 관습에 따르면, 공동묘지 조경사는 주목을 단 한 그루만 무덤 근처에 심는다. 자칫 나무의 뿌리가 죽은 자의 입속까지 자랄 수 있기 때문이다.

그러나 텅 빈 몸통 안에서 새로운 뿌리 싹이 생겨 아래로 자라고, 거기에서 새로운 몸통이 발달한다. 이 과정에서 몸통의 형태가 구부러지고 울퉁불퉁해지며 동시에 지혜, 부패, 영원, 슬픔, 신뢰를 표현한다. 말하자면 주목은 계속해서 스스로 갱신한다. 주목이 언젠가 죽을 수밖에 없는 생물학적 이유는 없다. 끊임없는 갱신 때문에 주목의 실제 나이를 나이테 개수로 알아낼 수 없고, 정확한 수령 추론이 매우 어렵다. 주목은 깊이 내려가는 강력한 뿌리를 가졌고, 세상을 향해 뻗기보다 오히려 땅속으로 자라려는 욕구가 더 크다.

유럽의 주목 숲

독일에서 주목은 멸종위기종에 속하는데, 사실 중세시대에 이미 거의 멸종된 상태였다. 그래서 현재 숲에서 주목을 만나는 일은 아주 드물다. 설령 만난다 해도 거의 항상 큰 나무들의 그늘에 있다. 주목은 주목과에 속하고 약 10여 종이 있다. 주목은 춥고 습한 곳을 좋아하고 숲 가장자리나 빈터보다는 햇빛이 들지 않는 어두컴컴한 깊은 숲속을 더 편안해한다. 이 나무는 응달에서 잘 자라고, 건강하게 자라려면 응달이 필요하다. 소나무 같은 다른 침엽수가 필요로 하는 햇빛의 3분의 1만 있어도 된다. 특별히 요구하는 토양 조건도 없다. 주목은 상록수답게 잎이 아주 빽빽하게 나서 생울타리로 인기가 아주 높고, 정원의 모든 미로를 만든다. 다만, 서리에 약한데, 이것이 분포지역을 결정한다. 주목은 시원한 여름, 온화한 겨울, 다습하고 비가 많이 오는 기후를 좋아한다. 주목의 대표 보금자리는 영국이지만, 프랑스의 브라타니, 스페인 북부의 아스투리아스 무엇보다 아일랜드에서도 많이 자란다. 독일에서는 튀링겐에 주목이 많은 것으로 통하지만, 2,300그루가 넘는 최대 순수 주목 군락지는 바이에른주 베소브룬 수도원 근처 아머제 호숫가의 '파터첼러 주목 숲'이다. 그러나 유럽 최대 주목 숲은 스위스에 있다. 취리히 근처 위틀리베르크 지역인데, 기록에 따르면 이곳에 2만 그루가 산다.

주목은 세계에서 가장 성공적인 종으로, 약 1억5000만 년 전부터 지금의 형태로 존재했다. 주목은 인류가 존재할 때부터 줄곧 인류의 역사를 함께 썼고, 특히 북반구 인류에게 가장 중요한 나무 중 하나였다. 주목은 기원, 보호, 의미 추구를 상징하고, 영원으로 가는 관문으로 인식되었다. 독성에도 불구하고

여러 시대 동안 매우 유용한 나무인 동시에 신성한 수호목이었
다.

독화살과 수호마법

고대 신화에는 분노의 주목 횃불이 등장한다. 지하세계로
가는 길의 가로수가 주목이다. 오늘날 공동묘지 진입로의 가
로수가 주목인 것과 인상 깊게 일치한다.

루드비히 베흐슈타인(Ludwig Bechstein)이 기록
했듯이, 튀링겐의 작은 마을 앙겔로다에서는 19세
기까지도, 좁은 틈과 깊은 구멍으로 가득한 기암
절벽의 이른바 '구멍집'에 사는 악한 난쟁이들을,
십자가에 걸어두었던 주목 가지로 쫓아냈다고 한
다.

켈트족에게 주목은
아주 신성한 나무였고,
모든 부족의 이름에 이
나무의 이름이 들어간
다. 예를 들어 아이펠
지역 북부의 에부로네(Eburone) 족은 주목을 토템나무로 숭배
했다.(앞에서 언급했듯이, 갈리아어로 주목이 '에부로스'이다) 율리우스
카이사르(Julius Cäsar)는 화살촉에 주목 잎에서 추출한 독을 발
라 적을 고통스럽게 죽이는 켈트족에 대해 기록했다.

근현대까지도 이 공동묘지 나무는 여전히 수호마법과 엮여
있었다. 예를 들어 슈페스아르트 지역에서는 "어떤 마법도 주
목 앞에서는 통하지 않는다!"라고 속삭이며 주목으로 만든 부

적을 기꺼이 지니고 다녔다. 이 나무가 사탄, 나쁜 저주, 사악한 마녀로부터 보호한다고 믿었다.

오늘날에도 교회 공동묘지에 있는 오래된 주목의 빈 몸통에 제단을 설치한다. 그렇게 살아있는 제단이 탄생한다. 기독교로부터 한때 잔인하게 배척되었던 이교도의 나무 숭배와 기독교의 예배가 어쩐지 크게 다르지 않은 것 같다.

동물과 인간에게 치명적인 위험

수천 년 동안 탄력적이고 유연한 주목 목재로 생명을 죽이는 무기, 즉 활과 창을 만들었다. 구석기시대에 벌써 인간은 주목의 질긴 목재를 이용할 줄 알았다. 영국에서 발견된 주목 창의 일부 조각은 약 30만 년 전 물건으로 추정된다. 원시인 외치(Ötzi)역시 5000년 전에 주목 활로 무장했고, 그것을 가진 채 얼음 무덤에 묻혔다. 시간이 흐르면서, 강력한 원거리 무기로서 전쟁에서 그 우월성을 증명했던 '웨일스 장궁'도 발달했다. 당연히 주목 목재의 수요가 높아졌고, 16세기 말엽에 이미 바이에른과 오스트리아의 주목이 거의 멸종되었다.

이 시기에 뉘른베르크 지역에서는 1560년 한 해에만 최대 2미터짜리 주목 활이 약 36,000개나 영국으로 수출되었다고 전해진다. 종교적으로 귀하게 다뤄졌던 몇 그루를 제외하면,

뉘른베르크 지역에서 주목이 사라진 지 오래다. 아무튼, 16세기의 활은 최초의 총보다 사살력이 더 높았다. 갑옷까지 뚫을 수 있는 화살의 높은 관통력이, 자주 축축해지는 화약을 대부분 이겼다. 그러나 주목 목재가 거의 유럽 전역에서 금세 사라졌기 때문에, 새로운 화약 무기 기술이 발달할 수 있었다. 말, 소, 양이 주목의 잎을 먹고 죽을 수도 있었기 때문에, 당시에는 주목을 경작하여 계속 생산할 생각을 할 수가 없었다.

그러나 최근의 발견이 완전히 다른 방향을 가리킨다. 꽃가루 분석에 따르면, 주목의 감소는 중세시대의 과도한 남용이 아니라, 너도밤나무의 거침없는 확산과 관련이 있다. 주목은 무섭게 확산하는 너도밤나무와의 막대한 경쟁 압박을 이겨내지 못했다.

한때 죽음을 부르던 나무가 오늘날 생명을 구한다

'톡손(Toxon)'은 그리스어로 활과 화살을 뜻한다. 반면 '톡시콘(Toxikon)'은 독을 뜻한다. 여기서 주목의 학명 '탁수스(Taxus)'가 유래했고, '바카타(Baccata)'는 '열매가 달린 가지'라는 뜻이다. 일반 사람들은 주목을 '활 나무' 혹은 '죽음 나무'라고도 불렀다. 왜 그렇게 불렀는지는 따로 설명하지 않아도 되리라.

힐데가르트 폰 빙엔(Hildegard von Bingen)이 놀랍게도 주목을 긍정적으로 기술했더라도, 민간요법에서 주목은 독성 때문에 아주 드물게만 사용되었다. 그러나 몇 년 전부터 주목의 어린잎에서 효과적인 암치료제가 생산된다. 화학자들이 주목의 잎과 가지에서 '택솔(Taxol)'을 얻는 데 성공했다. 이것은 예를 들어 유방암 치료에 사용된다.

집광렌즈에 햇빛이 모이는 것처럼, 늙은 주목의 현재에

모든 시간이 모여 같은 시대가 되고, 그 순간 온 세상이

고요해진다.

로부르참나무

품위 있는 존재감, 나무의 왕

아르투어 쇼펜하우어(Arthur Schopenhauer)가 그의 대작 『의지와 표상으로서의 세계(Die Welt als Wille und Vorstellung)』를 집필할 때, 참나무를 염두에 두었음이 틀림없다. 이 독일 철학자는 1819년에 800쪽 이상에 걸쳐 아주 명확하게 묘사해 놓았다. 그 누구도 그보다 더 명확히 표현할 수는 없으리라. 강력한 생장, 품위 있는 존재감, 강렬한 형태, 주변에 내뿜는 힘찬 기운이 참나무의 모든 힘을 보여준다. 참나무는 의지력을 내뿜는다. 바람은 그 의지력을 몸으로 감지하고 저절로 허리를 숙인다. 흔들리는 참나무잎의 속삭임에는, 보리수의 부드러운 울림, 자작나무의 대담한 바스락거림, 너도밤나무의 시끄러운 포효가 없다. 참나무는 무언의 언어로, 존재하려는 강렬한 욕망과 무조건적인 삶의 의지를 이야기한다. 쇼펜하우어에 따르면, 모든 사물, 모든 풀, 모든 꽃, 모든 돌에 삶의 의지가 깃들어 있다. 참나무에서 그 의지가 가장 명료하게 드러나는 것 같다. 수백 살이 된 우람한 참나무보다 더 강렬하고 단호한 것이 또 있을까? 강렬한 기운이 원래의 윤곽을 훌쩍 넘어 주변을 결정한다. 삶에 대한 무조건적인 '긍정'! 이 나무는 살기 위해 존재한다.

"몸 안의 영혼은 나무의 즙과 같고, 영혼은 나무가 그 형태를 펼치는 것처럼 힘을 펼친다. 지식은 가지와 잎의 녹색과 같고, 의지는 꽃과 같고, 감정은 가장 먼저 고개를 내미는 꽃봉오리와 같으며, 이성은 완전히 익은 열매와 같다. 마지막으로 정신은 옆으로 위로 자라는 나무의 성장과 같다."

—힐데가르트 폰 빙엔

나무의 왕

독일에서 로부르참나무는 너도밤나무과에 속하는 약 900종 중에서 아마도 가장 유명한 나무일 것이다. 너도밤나무는 '숲의 여왕'이라 불리지만, 참나무는 '나무의 왕'이라 칭송받는다. 활엽수 왕국에서 '참나무

농부들은 수백 년 넘게 참나무의 넉넉한 품을 이용했다. 그들은 넓은 참나무-너도밤나무 숲에서 가축을 방목했다. 여기서 축산업과 임업의 혼합으로 숲이 방목장이면서 동시에 조림지인 이른바 '산지축산(Silvopasture)'이 발달했다.

속'은 500종 이상으로 독일에서 가장 다양하다.

참나무 잎은 둘레가 파도처럼 구불구불해서 다른 나뭇잎들과 확연히 구별된다. 모든 활엽수는 잎을 키우기 위해 아주

힘든 노력을 들인다. 수분과 그 안에 함유된 영양분을 흙에서 분해하여 멀리 뻗은 가지까지 퍼 올려야만 한다. 나무의 구조에 따라 잎에 도달하기까지 걸리는 시간이 조금씩 다를 수 있다. 참나무처럼 고리 모양 구조인 나무들은, 가장 바깥쪽의 막내 나이테

> 수많은 독일인에게 요람과 관을 제공하는 참나무가 모든 나무 중에서 가장 강하다고들 말한다. 그러나 그것은 코끼리가 모든 동물 중에서 가장 강하다고 말하는 것과 같다. 참나무는 가장 연약하면서 동시에 가장 참을성이 많으며 보호가 가장 필요한 나무이다. 어린 참나무가 어른 참나무로 자라려면 보기 드문 큰 행운이 따라야만 한다.
> ―테오도르 레싱(Theodor Lessing)

만으로 수분을 운송할 수 있는데, 이것은 봄이 되어야 비로소 준비된다! 그래서 밖에서 보면, 봄에 주변에서 온통 새 생명이 싹트는 동안, 잎 하나 달리지 않은 참나무 몸통은 하는 일 없이 그냥 숲에 서 있는 것 같겠지만, 사실은 속에서 아주 열심히 일하는 중이다. 에너지가 많이 들어가는 잎 만들기 준비작업이 본격적으로 진행된다. 그렇게 참나무는 봄이 끝날 무렵에야 비로소, 너도밤나무보다 한참 뒤에 그러나 물푸레나무와 호두나무보다는 조금 일찍 잎이 난다.

최대 12센티미터까지 자라는 잎은 끝이 둥글고, 잎자루가 아주 짧다. 윗면은 짙은 녹색이고 아랫면은 살짝 더 연한 녹색이고 선명한 잎맥에는 솜털이 있다. 참나무는 1000년 이상 살 수 있고 40미터 이상까지 자란다. 몸통은 종종 높은 곳에서 허벅지 굵기의 뱀이 꼬인 것처럼 줄기를 뻗는다. 가슴 높이의 몸통 지름이 최대 3미터나 된다.

참나무 한 그루가 풍경 전체를 압도할 수 있다. 그래서 참나무는 종종 수호목으로 간주되고, 자비롭고 선한 왕처럼 주변을 다스린다. 옹이진 굵은 줄기의 특이한 배열이 참나무의 품격을 결정한다. 넓게 뻗은 웅장한 수관이 다양한 형태를 취할 수 있다. 껍질은 연회색에, 깊고 길쭉하게 갈라졌다. 보이지 않는 부분인 뿌리 역시 보이는 것 못지않게 인상적이다. 단단한 점토질 토양층도 뚫을 수 있는 강력한 뿌리는 기둥처럼 깊이 박혀 최대 3만 킬로그램이나 나가는 자연의 기적을 든든하게 지탱한다. 그래서 참나무가 강풍에 쓰러지는 일은 거의 일어나지 않는다.

긴 자루 끝에 숨은 꽃

참나무는 '자웅동주에 단성화를 피우는' 나무이다. 말하자면 암꽃과 수꽃이 한 나무에 피지만 서로 분리되어 있다. 수꽃은 울퉁불퉁하고 거의 10센티미터 길이의 털북숭이로, 어린잎 밑에 매달려 있다. 수꽃은 눈에 띄지 않는 연두색 껍질 안에서 어린잎과 거의 동시에 혹은 때때로 그 전에 나온다. 수꽃에는 수술이 각각 여섯 개인데, 수술은 꽃가루를 바람에 맡기고 바람은 그것을 멀리 데려다준다. 새로 난 가지 끄트머리에, 최대 6센티미터 길이의 꽃대에 적어도 2~3개 때때로 최대 5개의 붉은 암꽃이 핀다. 9~10월이면 그곳에 참나무 열매, 즉 모두가 잘 아는 도토리가 열린다. 도토리는 나무의 이름이 알려주듯이 긴 자루 끝에 열린다.[로부르참나무의 독일어 이름이 '슈틸 아이헤(Stiel-Eiche)'인데, 슈틸이 '자루, 손잡이'라는 뜻이다.-옮긴이]]

여러 동물의 양식

삶에 대한 참나무의 무조건적인 긍정은, 수많은 생명체에 한없이 베푸는 선행에서 드러난다. 숲속 동물에게 참나무는 생활공간이자 양식이다. 1000종에 달하는 다양한 생명체가 참나무에 의존한다. 수많은 애벌레가 참나무잎을 먹고, 수많은 곤충이 참나무 목재에 알을 낳는다. 심지어 일부는 오로지 참나무에만 의존한다. 그러나 널리 알려진 것과 달리, 도토리는 다람쥐의 주식이 아니다. 오히려 다람쥐는 도토리를 잘 소화하지 못한다. 다람쥐 이름에[다람쥐는 독일어로 '아이히회른헨(Eichhörnchen)'이다-옮긴이] 있는 '아이히(Eich)'는 참나무(Eiche)가 아니라, '민첩하다'는 뜻의 고대 독일어 '아이히(aig)'에서 유래했다. 몇몇 말벌과 조류는 참나무가 없으면 살지 못한다. 나무의 왕은 다른 나무가 넘볼 수 없는 관대함으로 동물의 세계를 돌보고, 그 세계가 존재할 수 있도록 자기 자신을 내어준다.

참나무 잎 아랫면에 혹처럼 달린 구슬들은 '벌레혹'이라고 하는데, 참나무혹벌이 알을 낳은 것이다. 기원전 3세기부터 벌레혹을 이용해 필기용 잉크를 생산했는데, 일부는 오늘날에도 사용된다.

최남단 지역을 제외하면 참나무는 유럽 전역에서 자라고, 산악지대에서 해발 1,000미터까지 족히 올라가고, 지구온난화로 인해 더 높이 올라가는 추세다. 참나무는 세계에서 가장 성공적인 종으로, 1200만 년 전에 이미 현재의 형태를 갖췄다. 참나무는 인류사에서 가장 충성스러운 동행자이다. 더 정확히 표현하면, 인류가 비교적 아주 짧은 기간 동안 참나무와 동행한다.

거룩한 참나무

전설에 따르면, 고대 그리스 신들의 아버지, '신과 인간의
아버지', 제우스는 참
나무 정령에서 탄생했 중세시대까지 참나무는 보리수와 마찬가지로 재
는데, 이 참나무는 그 판소 구실을 했고, 이런 과거의 '참나무 재판소'가
수많은 마을에서 지금도 생활의 중심점이다.
리스 문화에서 가장 중요한 오라클 장소인 도도나에 있다.
고대 선지자들이 이곳 순례지에서 1000년 넘게 예언했다. 선
지자들은 바람에 흔들리는 참나무 잎의 바스락거리는 소리
와 가지에 앉은 비둘기의 울음소리에서 신의 메시지를 들었
다.

참나무는 석기시대에 이미 중대한 구실을 했었다. 탁월한
인물이나 부족장 혹은 제사장이 죽으면 참나무 몸통을 세로
로 갈라 속을 파낸 '나무관'에 안치했다. 수천 년 후 켈트족은
천상의 천둥 도끼로 무장한 날씨의 신이자 하늘의 통치자인
타라니스에게 참나무를 봉헌했다. 게르만족이 강력한 번개를
내리치는 천둥의 신 도나(북유럽의 토르)에게 참나무를 봉헌한
것은 그리 놀랍지 않다. 오늘날에도 목요일마다 번개와 천둥
에 둘러싸인 게르만 신을 기억한다.(목요일은 독일어로 Donnerstag,
영어로 Thursday이고, 모두 '천둥의 날'이라는 뜻이다.)
실제로 참나무는 상대적으로 자주 번개에 불탔고, 민속신

앙에서 아주 중요하게 여기는 '번개 자국'이 생겼다. 번개 자국은 평생 남는다. 고대 사람들은 목재로 쐐기를 만들어 자신의 통풍을 다른 나무에 박아넣거나('사과나무' 참고), 치통이 있을 때 참나무 껍질을 세게 깨물었다.

때때로 예기치 않은 곳에서 독특한 모양의 참나무 잎을 발견한다. 오래된 성당의 기둥머리에 주로 '그린맨'의 기괴한 얼굴이 조각되어 있다. 제단 위, 지붕, 기둥, 문손잡이, 아치형 통로의 쐐기돌, 낙수 구멍에서 '그린맨'이 내려다본다. '그린맨'의 얼굴은 주로 겨우살이 잎에 둘러싸이고 참나무 잎으로 뒤덮여있다. '그린맨'의 기원은 명확하지 않은데, 추측건대 로마의 숲의 신인 실바누스에서 유래한 것 같다. '그린맨'이 등장하는 모든 전설과 신화는 공통적으로 언제나 생명의 쇠약─죽음─극복─부활을 다룬다. '그린맨'은 생명의 영원한 순환을 상징한다. '그린맨'은 인간과 자연의 깨지지 않는 유대를 상징한다. '그린맨'은 생명력이다. 식물의 신으로서 그는 식물이 아니라, '생장'이다.

와인 전문가가 인정하는 참나무통

그럼에도 참나무는 곳곳에 독을 갖고 있다. 덜 익은 도토리를 먹으면 설사와 구토가 난다. 탄닌 함유량이 높기 때문인데, 이것 덕분에 참나무에는 치료 효과도 있다. 참나무는 소화계 질환뿐 아니라 치질과 습진을 치료하는 약용 식물로 수천 년 동안 귀하게 여겨졌다.

몇몇 참나무종은 와인통 '바리크' 제작에 아주 적합하고, 탄닌은 발효되는 포도에 전형적인 쌉싸름한 맛과 좋은 풍미를 제공한다. 바리크 제작에는 겨울에 벤 참나무만 써야 한다. 그 때만 목재의 숨구멍이 전분 침전물에 막혀 있어서 통에 보관된 액체가 새어 나오지 않기 때문이다.

옛날에는 목수들이 로부르참나무 목재로 수레바퀴의 바퀴 통, 바퀴살, 테두리 그리고 마차의 전체 뼈대와 좌석을 만들었 다. 오늘날에도 쟁기, 썰매, 사다리, 공구 손잡이 등을 여전히 단단하고 내구성이 좋은 참나무 목재로 만든다. 1880~1927년에 참나무 목재의 대단한 내구성을 이용하여, 수천 개의 참나무

기둥 위에 함부르크 창고도시를 건설했다.

원래 북아메리카가 고향이고 독일에서는 자연적으로 발생 하지 않는 나무종인 대왕참나무(Sumpf-Eiche)를 1990년대 중 반에 베를린 의회와 총리관 앞에 몇백 그루씩 심었는데, 왜 그

랬는지는 불명확하다. 그러나 확실히 이 나무의 이름을 그대로 쓰기는 싫었나 보다. 'Sumpf(늪)'가 정치적으로 안 좋은 연상을 일으키기 때문이다. 그래서 사람들은 이 나무를 '슈프레 참나무(Spree-Eiche)'라고 바꿔 불렀다(베를린을 가로지르는 강 이름이 슈프레이다—옮긴이.) 세상에 존재하지 않는 나무종이지만, 아무튼 정치 판타지를 보여준다.

참나무는 의지력을 내뿜는다. 바람은 그 의지력을 몸으로 감지하고 저절로 허리를 숙인다. 흔들리는 참나무잎의 속삭임에는, 보리수의 부드러운 울림, 자작나무의 대담한 바스락거림, 너도밤나무의 시끄러운 포효가 없다. 참나무는 무언의 언어로, 존재하려는 강렬한 욕망과 무조건적인 삶의 의지를 이야기한다.

야생서비스트리
불꽃처럼 타올라 빛을 낸다

낮이 점점 짧아지고, 익숙한 차가운 밤공기가 저녁 향기를 타고 불어온다. 죽어가는 여름은 울긋불긋 숲을 물들이며 겨울을 막으려 안간힘을 쓴다. 발걸음, 나부끼는 나뭇잎, 바스락바스락 낙엽 밟는 소리, 빠지직빠지직 너도밤나무 열매 부서지는 소리, 또독또독 낙엽송 가지 부러지는 소리가 어우러진다. 잠들어가는 고요한 숲에 마지막 새소리가 울려 퍼지고, 어딘가에서 너도밤나무 열매가 뒤늦게 보드라운 흙으로 떨어진다. 차오르는 숨이 춤추듯 허공에 퍼지고, 뜨거운 이마를 짚어보는 서늘한 손처럼 이제 가을이 언덕 위로 몸을 누인다. 이 모든 장면과 감상이 하나의 그림으로 합쳐진다. 이 그림에서는 방금 그린 수채화처럼 물감이 완전히 마르지 않고 서로 섞이고, 우리는 거기서 우리 자신을 새롭게 발견한다. 그리고 갑자기 형언할 수 없는 창조의 기적 앞에 선다. 가을을 입은 야생서비스트리가 독특한 아름다움을 뽐내며 저녁노을처럼 강렬하게 이글거린다. 한 줄기 바람에 화르륵 타올라, 숨처럼 허공에 퍼져 사라져버리지는 않을까, 문득 두렵기까지 하다. 그 어떤 활엽수도 흉내 낼 수 없게, 신비로운 초록, 주황, 수없이 다양한 노랑, 짙은 빨강, 암갈색, 모든 색을 동시에 뽐내며 각각의 잎들이 불꽃처럼 타올라 빛을 낸다. 이런 행운의 순간을 맛볼 수 있는 사람은 몇 안 되는데, 야생서비스트리는 독일 위도에서 아주 희귀하기 때문이다. 그럼에도 운이 좋다면 길가에서, 대부분 마을 어귀에서 이런 행운을 누릴 수 있다. 깊은 숲속에서는 만나기 어렵다.

야생서비스트리는 독일의 토종 마가목속(sorbus) 네 종 중 하나이다. '아름다운 엘제'라는 별칭을 가진 이 나무는[야생서비스트리의 독일어 이름이 '엘즈베레(Elsbeere)'이다-옮긴이] 서비스트리

(sorbus domestica), 로완나무(sorbus accuparia), 화이트빔(sorbus aria) 같은 훨씬 유명한 마가목 자매들의 그림자에 가려져 있다. 말하자면 야생서비스트리는 '마가목 사이의 신데렐라'라 할 수 있다. 여름의 끝자락이 되어야 비로소 이 신데렐라 나무의 가려진 아름다움이 화려하게 펼쳐진다. 이 부분에서는 서비스트리도 마찬가지다. 서비스트리는 숲에서 길쭉하게 위로 뻗은 수관을 형성하고 날씬하게 곧게 자라 최대 30미터에 도달한다. 반면, 다른 나무들과 햇빛을 경쟁하지 않아도 되는 환한 들판에서는 15~20미터까지만 자라도 충분하다. 그러면 수관은 옆으로 웅장하게 펼쳐져 거의 반구 모양으로 땅에 닿을 듯하고, 멀리서 보면 지평선에서 떠오르는 태양을 닮았다.

야생서비스트리는 '생장 휴식기'에, 그러니까 잎이 다 떨어진 황량한 겨울이면, 껍질 때문에 어린 참나무와 쉽게 혼동될 수 있다. 잘게 갈라진 회백색 껍질 덕분에, '산지축산'을 위해 다른 종들을 모두 베어내고 순수 참나무 숲을 조성할 때, 야생서비스트리가 참나무로 오인되어 종종 살아남는다. 참나무가 아닌 모든 종은 무자비하게 잘려나간다. 약 30세가 되어 껍질이 다양한 모양으로 갈라지기 시작하면 야생서비스트리의 몸통은 개성을 얻고, 더는 참나무와 혼동되지 않는다. 야생서비스트리는 200~300살까지 살고, 강풍에 쓰러져 일찍 생을 마감하는 경우는 아주 드물다. 깊이 박히는 기둥형 뿌리가 2미터 넘게 파고드는 경우도 드물지 않아, 야생서비스트리가 쓰러지는 일은 거의 없다. 게다가 옆으로도 퍼져 대개는 뿌리가 수관보다 더 크다. 그래서 야생서비스트리는 자리를 많이 차지하는데, 그 대신에 굳건하게 서 있다.

나뭇잎: 참나무와 단풍나무의 혼합

4월 중순부터 둘레가 매끄러운 연두색 잎이 나기 시작하여 5월 말이면 10센티미터 길이로 자란다. 얼핏 보면 참나무 잎 혹은 심지어 단풍나무 잎을 연상시키지만, 자세히 보면 타원형에 잎 둘레가 얕은 톱니 모양이다. 잎차례 역시 '마주나기'가 아니다. 그러니까 단풍나무처럼 각각 두 개씩 마주 보는 쌍으로 가지에 붙어있지 않고, 하나씩 번갈아 배열된 '어긋나기'이다.

5월 말에서 6월 중순에 잎이 완전히 자라면, 곧바로 꽃이 피기 시작한다. 그러면 커다란 야생서비스트리는 새하얀 꽃동산처럼 들판에 서 있고, 이때까지도 사람들은 여전히, 몇 달 뒤에 어떤 화려한 색채의 향연이 주변을 압도하게 될지 알지 못한다.

자웅동주이므로 수꽃과 암꽃이 같은 꽃대에서 아름다운 '우산형 꽃차례'로(하나의 꽃대에 여러 꽃이 우산대처럼 방사형으로 핀다―옮긴이) 함께 피는데, 꽃자루가 길고 폭이 1~2센티미터인 새하얀 꽃들이 꽃대 하나에 30~50개씩 핀다. 수많은 곤충, 딱정벌레,

벌들도 이런 우아한 아름다움에 굴복하여, 풍성하게 차려진 식탁에서 기꺼이 수분을 맡아준다.

7월 중후반에, 늦어도 9월까지 열매가 달리고, 이것은 떨어지지 않고 아주 오랫동안, 어떤 것은 이듬해까지, 나무에 머문다. 최대 2센티미터의 길쭉한 열매는 처음에 녹색이고 그다음 적황색이었다가 완전히 익으면 암갈색이 된다. 완전히 익었을 때 비로소 먹을 수 있다. 그전에 먹으면, 입안의 연한 생체조직을 수축시켜 입 전체가 마비되는 느낌을 줄 수 있다.

무임승차자로 하늘을 날아 널리 퍼진다

새들이 운송자가 되어 야생서비스트리의 확산을 돕는다. 특히 지빠귀들이 열매를 먹고 안에 든 씨만 다시 배설한다. 대부분의 다른 나무들과 마찬가지로, 야생서비스트리 역시 이런 방식의 확산에 아주 적합하다. 열매의 과육뿐 아니라 아주 얇은 껍질이 씨를 감싸고 있는데, 껍질은 들판에서 씨의 보존력을 높이지만 성장을 방해한다. 껍질이 새의 소화관에서 벗겨진 뒤에 배설되면, 운명이 마련해준 새로운 장소에서 금세 싹이 나고 줄기를 뻗는다.

야생서비스트리는 또한 다른 형제자매 나무들처럼 완전히

다른 확산의 길을 갈 수도 있다. 야생서비스트리는 새싹을 틔우는 능력이 탁월하다. 새의 도움으로 아기 야생서비스트리가 탄생하는 경우보다 엄마나무의 뿌리에서 혹은 베어낸 그루터기에서 새싹이 자라 세상의 빛을 보는 경우가 더 많다. 이렇게 탄생한 아기 야생서비스트리는 엄마의 그늘에서 오랫동안 보호받고 양분을 얻는다.

청소년기의 야생서비스트리는 상대적으로 적은 햇빛으로도 잘 자란다. 그러나 나중에 대략 서른 살쯤 충분히 커져서 햇빛 경쟁에서 다른 나무를 이길 수 있게 되면 성향이 달라진다.

참나무 곁을 좋아한다

마가목속 자매들과 여러 다른 과일나무들과 마찬가지로, 야생서비스트리 역시 수많은 종을 가진 장미과에 속한다. 독일에서 야생서비스트리는 주로 남부에 있고, 중부와 북부에서는 드물게 발견된다. 몇몇 주에서

2010~2013년까지 연방농업식량청이 독일에서 자라는 야생서비스트리를 조사했다. 8만 그루였다. 야생서비스트리가 2011년에 '올해의 나무'로 선정되었지만, 그렇다고 해서 그 나무가 대대적으로 심어졌다는 뜻은 아니다.

는 멸종위기종으로 분류된다.

야생서비스트리는 참나무와 같이 있는 걸 좋아하고, 몇몇 예외를 제외하면 참나무 숲에서만 왕성하게 자란다. 해발 700 미터 이상에서는 힘들어하는 것 같고, 건조한 토양을 선호하지만, 일반적으로 비옥한 토양이어야 한다. 특히 프랑스와 이탈리아 그리고 발칸반도 전역이 이런 조건을 채워준다. 야생서비스트리는 숲을 형성하지 않고 언제나 개별로 혹은 소규모로 자란다. 앞에서 설명했듯이, 뿌리에서 싹을 틔우거나 새를 통해 확산한 결과다.

고대 문헌에서 자주 언급된다 - 그러나 이름이 없다

그러나 야생서비스트리는 더 큰 열매를 맺는 서비스트
리의 측면지원으로 이미 고대 그리스인들에게 유명했다. 기
원전 3세기에 서비스
트리를 아주 상세하
게 묘사했던, 에레소
스 출신의 테오프라
스토스(Theophrastus)
는 자신의 책 『식물사

야생서비스트리는 오스트리아에서 대규모로 경작
된다. 그곳에서는 20개 이상의 지방자치단체가 모
여 '엘즈베레 왕국'을 구성하고, 시큼털털한 열매
를 '야생과일의 여왕'으로 칭송하며 이것으로 양
질의 고급 브랜디를 만든다. 이 브랜디는 수 세기
동안 비너발트 지역에서 특유의 아몬드 향을 가
진 엘즈베레 증류주 '오들라츠비아르슈납스'로 유
명하고 종종 수백 유로에 달하는 최고의 가격에
거래된다.

(Naturgeschichte der Gewächse)』에 이름을 기록하지 않았을 뿐 야
생서비스트리에 대해 기록하면서, 그 맛과 즙이 서양모과와
비슷하므로 혼동하지 말라고 경고한다.

수 세기가 지난 뒤에도 마가목속의 묘사가 여러 작가의
작품에서 계속 등장한다. 예를 들어, 카토 켄소리우스(Cato
Censorius), 아울루스 코르넬리우스 켈수스(Aulus Cornelius Celsus),
디오스코리데스. 그러나 이 네 사람이 언급한 나무가 정확
히 어떤 종인지는 불명확하다. 야생서비스트리는 아마 로마
인과 선교 수도자들의 전진과 함께 게르만 문화에 도입되었
을 것이다. 수도원 원장이었던 발라프리트 슈트라보(Wahlafrid
Strabo)가 9세기에 정원 가꾸기에 관한 책 『정원(Hortulus)』에서

마가목속과 그것의 의학적 용도를 언급했다.

　야생서비스트리의 독일어 이름인 '엘즈베레(Elsbeere)'
는, 1526년에 마르틴 루터(Martin Luther)가 친구 아그리콜라

스트라스부르 출신의 출판업자 데이비드 캔들(David Kandel)이 이와 관
련된 목판화를 전해주는데, 이 목판화에서는 순서가 바뀌었다. 실제 사
실과 반대로, 이 목판화의 장면은 마치 야생서비스트리의 열매를 먹어서
설사가 나는 것처럼 보인다.

(Agricola)에게 보낸 편지에서 처음 등장했다. 마르틴 루터가 이렇게 썼다.

"… 야생모과를 더 많이 보내주길 부탁하네. 그것의 진짜 이름은 엘즈베레인데, 나의 카타리나가 그 열매를 무지무지 좋아한다네…."

카타리나가 맛 때문에 그 열매를 그토록 좋아했을 가능성은 아주 낮다. 아마도 설사나 위장질환에 효과가 있었기 때문일 것이다.

이질과 콜레라를 낫게 하는 아름다운 엘제

야생서비스트리(엘즈베레)의 별칭인 '엘제(Else)'가 오리나무(Erle)의 스페인 이름(alsio, altz, 혹은 바스크 방언으로 aliza)에서 유래했다는 추측이 있다. 야생서비스트리의 프랑스 이름 '알리지에 토르미날(Alisier torminal)' 역시 이 추측에 힘을 싣는다. 야생서비스트리의 학명 '소르부스 토르미날리스(sorbus torminalis)'에서 뒤에 붙은 'torminalis'가 이미 통증을 가라앉히는 데 사용한다는 것을 명확히 한다.(라틴어로 torminalis는 복통약이라는 뜻이다—옮긴이) 루터의 편지 후 20년이 지나, 히에로니무스 보크가 그의 『본초학』에서 처음으로 야생서비스트리의 설사 진정 효과를 상세하게 설명했다. 그래서 사람들 사이에 이 나무는 이질과 콜레라를 낫게 하는 약으로서 '이질 나무'라 불렸다.

최고 가치-과일 브랜디에서 목재까지

몇 년 전부터, 특히 오스트리아에서 이 열매로 가장 귀하고 비싼 과일 브랜디를 만드는데, 일반적으로 1리터 가격이 수백 유로에 달한다. 야생서비스트리 증류주가 자랑하는 특유의 아몬드 향은 씨에서 나온다. 씨를 분쇄하는 것이 매우 중요한데, 그렇게 해야 성분이 용해되고 벤즈알데하이드, 벤질알코올 그리고 그 유사한 물질이 추출되기 때문이다. 또한, 발효되는 동안에 알데하이드와 사이안이 생기고, 이 조합에서 아몬드 향이 생성된다. 명품 브랜디의 생산은 오스트리아에서 150년 넘게 이루어졌는데, 실상은 훨씬 더 오래되었을 테고 주로 사적인 용도로 만들어졌을 터이다. 그러나 열매 수확에 기계를 쓸 수 없으므로 노동과 시간이 많이 들어간다. 열매는 10~12미터 높이 사다리에 올라 힘들게 따야 한다. 잘 자란 나무에서 장정 넷이 열매를 수확하는 데만 사나흘이 걸리고, 그다음 짓이긴 열매 150~200리터를 통에 넣어 끓인다. 이 정도 양이면, 50도짜리 야생서비스트리 증류주를 6~12리터쯤 만들 수 있다. 그러므로 가장 귀한 명품 브랜디의 가격이 높을 수밖에 없다. 목재 역시 오늘날 가장 귀하고 인기가 높다. 당연히 최고 가격에 거래된다. 목재 1세제곱미터가 수십만 유로에 달한다. 무겁고 숨구멍이 매우 미세한 이 목재는 밀도가 높고 매우 견고하며 내구성이 뛰어나다. 옛날에는 주로 물레 제작에 사용되었지만, 오늘날까지도 악기 제작에서 이 목재를 빼놓을 수 없는데, 예를 들어 백파이프의 까다로운 제작에서는 특히 더 그렇다. 파이프오르간의 작은 파이프에 이 목재를 사용하는데, 그 소리가 '밝고 청량하다'. 옛날에는 다림질 롤러, 물레방아, 안경, 청진기, 나무나사에 사용되었다. 포도 착즙기 기둥으로도 적합하여 포도주 생산자들이 세대를 거쳐 사용했다. 그러나 히에로니무스 보크 시대에는 땔감으로도 높이 평가되었다. 오늘날의 목재 가격에서는 도저히 상상할 수 없는 일이지만 말이다.

구주물푸레나무

빛을 길들여 은은히 퍼트린다

헤르만 헤세는 너도밤나무에 부는 사랑스러운 바람에 관해 썼다. 물푸레나무를 봤더라면 그는 아마 '물푸레나무의 빛'에 관해 썼으리라. 살랑거리는 바람이 한여름 햇살을 물푸레나무 깃털

> 루돌프 슈타이너(Rudolph Steiner)는 1920년대에 스위스의 '괴테아눔' 건축 때, 천체를 기려 나무 기둥 일곱 개를 세웠다. 이때 태양의 자리에 물푸레나무 기둥을 배치했다.

드레스에 걸어 놓았다거나, 햇빛을 따다 화려하게 치장하려는 듯 나무가 햇빛을 향해 양팔을 벌렸다고 노래했으리라. 물푸레나무는 쏟아지는 모든 햇빛과 신나게 춤추며, 눈을 자극하지 않는 편안한 빛을 수천 배로 늘려 깃털 나뭇잎 사이로 반사한다. 물푸레나무가 얇은 막처럼 여과한 빛이 온화하고 부드럽게 눈을 어루만지고, 모든 것이 조화로운 빛 안에서 반짝인다.

물푸레나무 아래는 절대 어두워지지 않는다고들 한다. 초승달 아래 은은히 빛나는 물푸레나무 수관의 형언할 수 없는 분위기를 보면, 이 말이 무슨 뜻인지 알 수 있다. 물푸레나무는 태양을 사랑하지만, 밤이 되면 태양처럼 빛을 주는 달의 비

밀 자매가 된다. 물푸레나무는 태양의 강렬한 빛을 길들이고, 황금빛 광채를 은빛으로 바꿔 반사하여, 아주 고유한 방식으로 빛에서 지혜, 심오함, 신뢰가 느껴지게 한다. 물푸레나무는 빛의 부드러운 숨결을 감사히 마시고, 살랑대는 나뭇잎을 빛으로 씻기고, 그 기운을 나무의 왕국에 은은하게 퍼트린다. 아침 이슬과 함께 그 기운이 사그라들 때까지.

물푸레나무과에 속하는 약 600종에 달하는 물푸레나무 친척들이 주로 남부 지방 들판에서 자란다. 올리브나무 외에 라일락, 쥐똥나무, 개나리 등이 여기에 속한다. 물푸레나무는 몇몇 놀라운 특징을 가지는데, 그것 때문에 독일 위도에서는 아주 독특한 나무로 취급된다. 그것이 또한 물푸레나무와 햇빛의 연결을 설명해주는 것 같다.

창조의 진정한 선물

물푸레나무는 물가를 좋아하고, 다채로운 활엽수림, 수변림, 혼합림 그리고 또한 개울가와 강둑에서도 잘 자란다. 오리나무와 버드나무가 있는 곳을 좋아하고, 건조한 지역에서는 강력한 너도밤나무에 밀려 사라진다. 특유의 깃털 모양 나뭇잎 덕분에 물푸레나무는 쉽게 알아볼 수 있고 다른 나무와 혼동할 수가 없다. 물푸레나무의 잎은 호두나무와 같은 시기에, 그러니까 참나무보다 늦게, 독일 토종 나무로서는 마지막으로 초여름에 비로소 모습을 드러낸다. 깃털 모양의 잎은 거의 40센티미터 길이까지 자라고, 각각 10센티미터 이상 자랄 수 있는 뾰족하고 좁다란 잎사귀들이 최대 15개씩 모여 깃털 잎 하나를 구성한다. 물푸레나무는 화창한 여름날에 짙은 초록색 깃털 잎을 파란 하늘로 뻗는다. 다른 나무들이 가을에 화려한 색상을 겨룰 때, 물푸레나무는 여전히 녹색인 나뭇잎을 땅에 버린다. 설령 색이 바뀐다 해도, 기껏해야 칙칙한 노란색으로 퇴색하여 바닥에 떨어진다. 양분이 넉넉한 잎은 금세 썩어, 그 아래에 숨어 기어 다니는 모든 생명체에게 축복을 내린다.

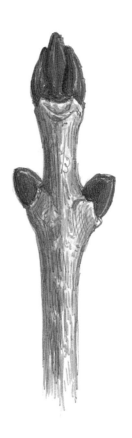

잎이 모두 떨어진 뒤에도, 눈에 띄는 새까만 작은 겨울 꽃눈이 있어 물푸레나무를 알아볼 수 있다. 이 작은 꽃눈에서 꽃과 꽃가루가 만들어진다. 이듬해 3월에, 그러니까 새잎이 돋기 전에 꽃이 먼저 핀다.

꽃눈은 귀중한 보물을 품고만 있을 수는 없다. 꽃눈은 점점 부풀어 결국 터진다. 그곳에서 눈에 잘 띄지 않는 짙은 보라색 꽃이 피고, 늦어도 4월까지는 꽃가루 짐을 바람에 넘긴다. 최대 40미터까지 자라는 이 나무는 성별을 크게 따지지 않는다. 물푸레나무꽃은 모두 가능하다. 남성, 여성, 양성. 말하자면 '성별이 세 가지'다. 물푸레나무가 비록 '바람으로 수분'하는 나무지만, 양봉에도 큰 역할을 한다. 꽃 하나당 약 25,000개 꽃가루가 꿀벌을 위해 대기한다. 40종 이상의 곤충에게 물푸레나무는 풍족하게 차려진 진수성찬이다. 그들 중에는 날개 너비가 최대 10센티미터로 독일에 사는 나비 중에서 가장 큰, 푸른띠뒤날개밤나비 같은 몇몇 아름다운 나비종도 있다. 이들 모두가 빛의 나무인 물푸레나무의 잎, 껍질, 목재에서 양분을 얻는다.

과수원 지킴이

수분 뒤 얼마 후에 약 4센티미터 길이의 긴 타원형 열매가 꽃 자리에 달린다. 깍지완두처럼 생긴 짙은 녹색의 다소 작은 열매가 나뭇가지에 계단식으로 달려있다. 늦어도 10월이면 열매는 갈색으로 변하고 살짝 딱딱해져서 가을바람을 타고 프로펠러처럼 날아간다. 어떤 열매들은 포도송이처럼 빽빽하게 나무에 달린 채 이듬해까지 겨울을 난다. 측정해본 결과 약 30미터짜리 물푸레나무에 달린 프로펠러 열매는 평균 50미터 이상을 날아가지 못한다.

물푸레나무 열매는 특히 피리새의 주식이다. 참새와 되새도 물푸레나무 열매를 좋아한다. 이런 새들은 늦겨울에 식량을 구하기 어려우면 과일나무의 꽃눈을 파먹어 이듬해 수확을 망치기 때문에 '해로운 조류'로 분류된다. 과수원 근처에 있는 물푸레나무는 생태적으로 매우 효과적인 과수원 지킴이이다. 물푸레나무가 과일나무 대신 새들에게 식량을 제공하기 때문이다.

> 물푸레나무는 유럽에서 가장 큰 활엽수로 40미터 이상까지 자란다. 물푸레나무와 너도밤나무의 혼합림에서 하늘을 올려다보면, 놀라운 현상을 보게 된다. 두 나무는 아주 가깝게 있더라도 서로 닿지 않는다. 그들은 서로를 좋아하지 않는 것 같고 닿지 않도록 몸을 사린다. 그들은 심지어 이웃한 나무와 똑같은 윤곽을 형성하는데, 절대 닿지 않기 위해 당혹스러울 정도로 정확히 이웃과 똑같은 실루엣을 고안한 것 같다. 1920년대 이후에 발견된 이런 현상을 '수관 기피 현상'이라고 부르는데, 이런 현상이 왜 생겼는지는 지금까지 밝혀지지 않았다.

깊은 뿌리 – 쓰러지지 않는다

청소년기의 물푸레나무는 얇게 찢어진 회색 껍질을 가지지만 나이가 들수록 복사뼈 깊이의 고랑이 생기고, 이 고랑은 물푸레나무에 혼동할 수 없는 특징을 부여한다.

자유롭게 자라는 물푸레나무는 가지를 사방으로 뻗고, 수많은 굵은 줄기들이 우산 모양의 거대한 수관을 지탱한다. 줄기들은 주로 갈라지는 일 없이 곧게 뻗는다.

땅속의 보이지 않는 영역에서도 물푸레나무는 놀라움을 준다. 어린나무일 때는 우선 수직으로 파고드는 기둥형 뿌리로 발판을 마련한다. 몇 년이 지나야 비로소 겨우 10~20센티미터 땅속에서 넓게 퍼져나간다. 이런 뿌리는 나무를 더욱더 든든하고 안정적으로 지탱해준다. 또한 이런 뿌리 덕분에 물푸레나무는 건기에 다른 나무들보다 우세할 수 있다. 아무리 강한 너도밤나무도 건기의 결투에서는 주로 패한다. 물푸레나무는 삶에 필수인 물을 확보하는 능력이 탁월하다. 물푸레나무는 너도밤나무의 물을 빼앗는다. 그러니 둘이 서로 싫어하는 게 당연하지 않겠나?

물푸레나무 목재 - 울타리와 무기에 적합하다

물푸레나무의 라틴어 이름은 '프락시누스(Fraxinus)'이고, 이것은 그리스어 '프라소(phrasso)'에서 유래했다. '프라소'는 '울타리를 치다', '담으로 둘러싸다'의 뜻인데, 경계가 아니라 보호를 뜻하는 낱말이다. 실제로 물푸레나무 목재는 아주 단단하여 외부의 적과 침입자로부터 보호하는 기둥과 널빤지로 쓰인다.

로마제국의 국경지대 요새는 대부분 물푸레나무의 단단한 목재로 지어졌다. 물푸레나무의 독일어 이름인 '에쉐(esche)'는 고대 독일어 '아스크(ask)' 혹은 '아쉬(asch)'에서 유래했고, 이것은 고대 노르드와 앵글로색슨에서 물푸레나무뿐 아니라 그 목재로 만든 창을 뜻하는 단어였다.

> 구주물푸레나무는 고대 그리스에서 일리리아와 마케도니아의 산악지대에서만 자랐다. 아리스토텔레스의 제자로, 철학자이자 식물학자인 테오프라스토스가 기원전 3세기에 그것을 기술했다.

물푸레나무와 주목에는 놀라운 공통점이 하나 있다. 둘 다 중세시대까지 무기 제작에서 큰 역할을 했다. 주목은 탁월한 탄력성 때문에, 물푸레나무는 더욱 유명한 견고성 때문이다. 전쟁이 일어나면 창, 활, 화살을 만들 재료가 넉넉해야 하므로, 큰 방어시설과 요새 근처에 물푸레나무와 주목을 대대적으로 심었다. 물푸레나무가 상대적으로 더 빨리 자라기 때문에 주목보다 훨씬 선호되었다.

전설에 따르면, 트로이의 왕자 헥토르를 죽인 아킬레우스의 창도, 켄타우루스가 거룩한 물푸레나무 목재로 만들었다고 한다. 헥토르의 목을 찌른 창은 아마도 만나물푸레나무(Fraxinus ornus)였을 것이다.

전설이 깃든 물푸레나무 목재로 만든 마법봉을 들고 다니는 드루이드는 이 목재의 힘으로 비를 내리게 하는 마법을 부렸고, 이 시대의 어부들은 강력한 목재의 보호를 받아 배가 전복되거나 익사하지 않도록 물푸레나무로 배를 만들었다. 빛의 나무는 옛날 민속신앙에서 물과 다양하게 연결되었다. 놀랍게도 최신 과학지식 역시 물푸레나무와 물의 연관성을 입증한다. 수없이 날아다니는 꽃가루가 실제로 구름 형성에 영향을 미칠 수 있다고 한다. 미세한 꽃가루 주변으로 수증기가 쌓이고 그것이 응축하여 구름을 형성한 후 다시 비로 내린다. 비를 만드는 고대 마법사들은 현대의 우리보다 더 많이 알았던 걸까?

물푸레나무 못으로 흡혈귀를 쉽게 쫓을 수 있다는 전설 또한 흥미롭다. 잠자는 흡혈귀의 심장에 박아 넣을 못은 언제나 물푸레나무로 만들었다. 비슷한 이유에서 사랑이 햇살처럼 심장 한복판을 찌른다. 큐피드의 화살도 물푸레나무로 만들어졌다.

에셔스하임, 에센스바흐, 아샤우 같은 인명 및 지명이 에쉐(물푸레나무)와 관련이 있다.

세계수 물푸레나무: 위그드라실

북유럽 신화의 최고신 오딘이 자신의 말을 즐겨 묶어두는 '위그드라실'은 어떤 나무일까? 어떤 나무가 "내가 세계수다"라고 자신 있게 나설 수 있을까? 위그드라실, 세계수, 물푸레나무는 북유럽 신화에서 중대한 역할을 한다. 13세기 고대 아이슬란드 신과 영웅에 관한 작품 『에다(Edda)』에 상세하게 설명되었듯이, 위그드라실은 "세계에서 가장 큰 최고의 나무"이고, 가장 우람하여 모든 것을 포용하며, 상록수로서 영원을 상징한다.

북유럽 신화는 심지어 인류가 '아스크(Ask)'와 '엠블라(Embla)'라는 나무에서 탄생했다고 말한다. 아스크(물푸레나무)에서 남자가, 엠블라(느릅나무)에서 여자가 탄생했다.

그러므로 오늘날 신화연구자들은, '유럽주목'을 다룬 장에서 확인할 수 있듯이, 위그드라실을 상록수인 주목으로 해석한다. 물푸레나무는 여름에만 녹색이고, 해마다 잎이 지고 새로 난다. 세계수는 창조를 상징하고, 모든 것을 연결하며, 신들의 천국, 지구, 지하세계를 하나로 묶는다. 세계수 아래에서는 생명의 샘이 솟고, 그곳에서 운명을 관장하는 세 여신, 즉 법의 수호신, 전통의 수호신, 운명의 신이 베를 짜며 세계를 창조한다. 베르단디(Verdandi)는 현재를, 우르드(Urd)는 인간의 운명을, 스쿨드(Skuld)는 죄를 관장하며, 소망과 가능성의 세계를 보여준다.

게르만족 신들의 아버지인 오딘은 지혜와 지식을 얻기 위해 물푸레나무에 거꾸로 매달렸다. 그는 자신을 희생물로 바치고, 물푸레나무로 만든 창으로 제 옆구리를 찔러 제물 봉헌을 완성했다. 9일 후에 나무에서 떨어진 오딘은 나무의 뿌리에서 룬 문자를 발견했고, 더불어 지혜와 지식 그리고 세계에 대한 통찰력을 얻었다.

물푸레나무 잎마름병

건강한 물푸레나무는 250~300년을 산다. 그러나 이런 경우는 점점 드물어진다!

물푸레나무 잎마름병균(Hymenoscyphus fraxineus)인 긴자루흰술잔고무버섯 때문이다. 그럴싸한 이름을 가진 무해해 보이는 이 버섯이 유럽에서 가장 큰 최고의 활엽수를 끝장낼 수 있다. 현대과학지식에 따르면, 유럽에서 물푸레나무가 대량으로 생존할 확률은 실제로 다소 낮다. 몇몇 표본을 제외하면 물푸레나무는 몇십 년 뒤에 벌써 유럽 숲에서 사라질지 모른다.

오리나무의 경우와 비슷하게, 여기에서도 특정 버섯종이 특정 나무종을 제거한다. 긴자루흰술잔고무버섯은 물푸레나무의 낙엽을 분해한다. 이 버섯의 후손인 '찰라라 프락시네아(Chalara Fraxinea)'가 나무에 침투하여 영양공급을 파괴하고 어린싹을 순식간에 죽여버리는 일이 왜 생기는지는 지금까지 알려지지 않았다. 여기에서도 지구온난화가 중대한 역할을 하는 것 같다. 이런 불치병에 걸린 물푸레나무들은 잘리고 폐기된다. 수천 년을 인류와 동행했고, 여러 면에서 인류와 연결되었으며, 심지어 신, 우주, 존재를 상징했던 나무종의 종말치고는 너무 존엄하지 못하다.

물푸레나무가 사라지면 몇몇 생명체에게는 상상할 수 없는 문제들이 생길 것이다. 물푸레나무가 뿌리를 땅에 내려 단단히 지탱하지 않으면, 강둑과 개울가는 홍수에 씻겨 내려갈 것이다.

또한, 물푸레나무를 중요한 생활공간으로 삼는 다양한 새, 나비, 곤충도 곤경에 처할 것이다. 물푸레나무는 호리비단벌레와 푸른띠뒤날개밤나비의 애벌레에게 없어서는 안 될 영양공

급원이고, 야생동물들도 한겨울에 어린 물푸레나무의 가지와 꽃눈을 먹는다. 물푸레나무가 과수원 지킴이 역할을 더는 수행하지 않으면, 박새, 참새, 되새가 다시 배나 사과 같은 우리의 과일을 쪼아 먹어 수확을 망치게 된다. 그렇게 되면, 우리는 더 많은 보호제와 독으로 문제를 해결하려 애쓰게 되리라.

문화사적 의학적 의미

고대 의사들은 물푸레나무의 치유력을 기술하며 거기서 얻은 치료제를 칭송했다. '히포크라테스 선서'가 유래한 히포크라테스(기원전 460-377)의 『히포크라테스 전집(Corpus Hippocraticum)』에도, 그리스 의사 디오스코리데스(서기 40-60)의 『약물지(De Materia Medica)』에도, 물푸레나무를 치료에 사용했다는 내용이 들어있다. 여기에서 말하는 나무는 '만나물푸레나무'이다.

물푸레나무는 의학사와 민간요법에서 언제나 중요한 역할을 했다. 나뭇잎 즙에서, 씨에서, 목재에서 치유제를 얻었다. 물푸레나무는 지혈에, 염증 완화에, 심지어 뱀에 물렸을 때 해독제로도 사용되었다.

물푸레나무의 현재 용도

물푸레나무는 오늘날에도 여전히 너도밤나무와 참나무 다음으로 중요한 토종 활엽수 목재로 통한다. 구주물푸레나무의 환공목재(나이테의 물관 구멍이 동심원 모양으로 있는 목재-옮긴이)는 매우 단단하고, 쪼개기 쉽고, 탄성이 좋고, 질기고, 잘 부러지지 않으며, 특히 말끔하게 휘고, 대패질, 못질, 톱질, 사포질, 나사 조이기, 접착 등 가공성이 뛰어나다.

이런 이유에서 물푸레나무 목재는 야구방망이, 아이스하키 스틱, 패들, 카누나 보트의 노와 키 그리고 나무 썰매 등을 제작하는 데 많이 사용된다.

물푸레나무 목재는 수증기를 쐬어 거의 맘대로 모든 형태를 만들 수 있고, 나무상자, 사다리, 팔레트, 공구 손잡이, 망치 자루 같은 일상 용품에도 사용된다. 옛날에는 심지어 자동차, 비행기 부품, 스키, 마차 등을 만드는 데도 사용되었다. 그리고 오늘날 주요 무기를 더는 나무로 만들지 않지만, 총대는 여전히 물푸레나무로 만든다.

독일가문비나무
대칭적 아름다움

가문비나무는 윤곽, 모양, 구조에서 벌써 독특하다. 이상하리만치 곧게 뻗은 몸통과 원뿔 모양의 전체 윤곽이 마치 하늘을 가리키는 화살표처럼 보인다. 눈에 보이는 생명체 중에서, 들판에 선 늠름한 가문비나무만큼 뚜렷한 대칭 구조를 보이는 것이 또 있을까? 위에서 내려다보면 가문비나무는 진정한 자연의 걸작으로, 완벽하게 균일하되 한없이 다채로운 눈송이 결정체를 연상시킨다. 바늘잎 드레스 때문에 함부로 만지기도 어렵다. 가문비나무가 어쩐지 접근하기 어려운 폐쇄적인 존재처럼 보인다면, 그것은 이 나무의 형태와 분위기, 아름다움을 오만함으로 오해했기 때문이다. 사람들은 외양만 볼 뿐, 그 내면은 잊는다. 외양은 그저 가지와 바늘잎의 구조나 배열 혹은 개수에 불과하지만, 그 내면은 설명할 수 없이 위대하다. 전체가만들어내는 대칭적 아름다움이 우리 안에 공명을 일으킨다.

"눈송이 결정체는 자연의 걸작이다. 결정체는 다 다르다. 그러나 녹으면 그 아름다움은 흔적도 없이 사라진다."

―눈송이 결정체 사진작가 윌슨 벤틀리(Wilson A. Bentley), 1925년

기원과 산업 사이 – 가문비나무의 양극화

유럽에서 알프스 혹은 해발 650미터 이상의 높은 산에만
있는 가문비나무 자연림에서는 빛과 바람이 자유롭게 숲을
통과한다. 가문비나무는 넉넉하게 간격을 두고 자라기 때문
에, 햇빛이 어렵지 않게 땅까지 들어오고, 그래서 다양한 동식
물 공동체가 발달한다. 까막딱따구리, 분홍가슴비둘기, 심지
어 북방올빼미와 참새올빼미 같은 작은 부엉이종들도 이곳에
둥지를 튼다. 대플리니우스(Gaius Plinius Secundus Major)는 서기
77년에 이미 『자연사(Naturgeschichte)』에, 가문비나무 숲이 주로
고산지대에 형성된다고 기록했다. "가문비나무는 고산지대와
냉기를 좋아한다."

가문비나무는 전 세계적으로 매우 성공적인 종에 속한다.
가문비나무는 이미 3억 년 전부터 지금의 형태로 존재했고,
지구에서 가장 넓은 광대한 삼림지대인 북방침엽수림에서 우
세한 나무종이다. 일본 홋카이도 반도에서 몽골, 시베리아, 북
유럽을 지나 캐나다와 알래스카까지 뻗어있는 북방침엽수림
은 약 1,400만 제곱킬로미터에 달하고, 지구 표면의 약 3퍼센
트를 차지한다.

세계에서 가장 오래된 (복제)나무로 통하는 가문비나무 한
그루가 스웨덴과 노르웨이의 국경지대에 있다. 2008년에 발
견된 이후로 발견자의 죽은 개 이름인 '올드 시코(Old Tjikko)'

라 불린다. 이 나무는 9,550살이라고 한다. 사실, 복제나무의 눈에 보이는 부분, 그러니까 몸통과 가지들은 '오리지널'이 아니다. 꺾꽂이를 통해 혹은 휘묻이를 통해, 말 그대로 오래된 옛 뿌리에서 새로운 나무가 자라난다.

오로지 목재를 얻기 위해 조성된 가문비나무 조림은 독일 곳곳에 있다.(경제적 목적으로 조성되어 산업에 이용되는 숲을 전문용어로 '조림'이라고 한다.) 가문비

> 가문비나무는 바람에 매우 취약하고, 해충에 민감하게 반응한다. 1921년에 한 강풍이 울름 근처의 가문비나무 수천 그루를 쓰러뜨렸다. 그 후 조림업자들은 "숲을 확실하게 파괴하고 싶다면, 오직 가문비나무만 심어라"라고 적힌 추모비를 세웠다.

나무가 독일에서 압도적 다수를 차지한 것은 오로지 조림 때문이다. 숲의 3분의 1이 가문비나무이고, 그 이상인 지역도 있다. 키우기 쉽고, 곧게 자란 목재가 다방면에 사용되기 때문에, 가문비나무는 독일 조림산업을 먹여 살리는 이른바 '식량나무'로 발달했다. 그래서 수십 년 동안 조림산업은 가문비나무에 의존했다. 야생동물의 자연 선택도 한몫을 했다. 대부분의 다른 나무종은 어릴 때 벌써 야생동물에게 먹히지만, 가문비나무는 사슴의 먹이 목록에 오르지 않았다. 가문비나무는 동물의 식단에서 제외되어 무사히 최대 40미터짜리 거목으로 자란다.

가문비나무는 토양과 환경 조건이 적합하지 않은 지역까지 넓게 확산했다. 오늘날 기후변화의 전진으로 상황이 더욱 나빠

지고 있다. 가문비나무는 가뭄 증가와 기온 상승을 견디지 못하고 나약해져서 나무좀 같은 해충에게 쉽게 당한다. 현재 예측하기로, 가문비나무의 확산 범위는 결국 원래 기원지로 다시 축소될 것이다.

전나무? 가문비나무?

가문비나무는 다른 침엽수와 자주 혼동되는데, 특히 외양과 형태가 전나무와 매우 흡사하다. 완전히 틀린 이름임에도 많은 이들이 여전히 가문비나무를 '붉은 전나무'라고 부른다. 전나무와 가문비나무를 구별하는 방법은 여럿이다. 가문비나무의 열매는 아래로 매달려 있고, 전나무 열매는 위로 꼿꼿하게 서 있다. 가문비나무의 바늘잎은 언제나 가지 주변을 둥글게 둘러싸고, 전나무의 잎은 가지 좌우로 배열된다. 가문비나무의 껍질은 송진이 많고 갈라졌으며 적갈색이다.

가문비나무의 학명 역시 송진이 많은 데서 유래했다. '피케아 아비스(Picea abies)'는 '송진이 많다, 늠름하다'라는 뜻이다. 고대의 자연 연구자들 역시 가문비나무와 전나무를 구별하는 데 어려움을 겪었던 것 같다. 가문비나무는 5월에 꽃이 피기 시작한다. 약 10센티미터 길이의 수꽃이 가지 끝에서 핀다. 여느 침엽수와 마찬가지로, 바람이 꽃가루를 암꽃에 전달하여 수분을 담당하고, 수분 뒤에는 씨를 품은 솔방울 열매가 암꽃이 있던 자리에 생겨 아래로 매달려 있다. 가문비나무는 전나무와 달리 열매를 곧바로 바닥에 떨어트린다. 그러므로 숲 바닥에서 발견되는 '전나무 솔방울'은 사실 전나무 열매가 아니라 가문비나무 열매이다.

인류에게 가장 유용한 나무

자작나무와 마찬가지로 가문비나무는 위대한 '생명의 전령'이고, 그래서 역시 '마이바움'으로 즐겨 사용된다. 부드러운 활엽수와 달리 가문비나무는 15세기부터 크리스마스트리로서 우리의 거실로 진입했고, 거의 모든 건물 상량식에 함께 했다. 작은 나무를 장식하여 완공된 지붕에 세웠다. 그것은 이 집이 가문비나무처럼 크고 강하고 무엇에도 끄떡없기를 바라는 희망의 표현이었다.

악기 제작에서는 천천히 자라는 가문비나무 목재가 아주 특별한 대우를 받았다. 아마티(Amati), 슈타이너(Stainer), 스트라디바리(Stradivari), 구아르네리(Guarneri) 같은 세계적으로 유명한 바이올린 제작자들은 종종 몇 주씩 좋은 나무를 찾아다니며 두드려보고 수천 개 몸통을 살펴본 뒤에, 완벽한 바이올린

14세기부터 지붕의 뼈대가 완성되면, 목수들의 수고에 감사하는 뜻으로 상량식을 거행했다. 계절에 따라 가문비나무 혹은 자작나무를 장식하여 새로 지은 지붕에 세웠다.

을 위한 좋은 가문비나무를 찾아냈다. 바이올린 제작에 쓰일 목재는 현의 진동에 안성맞춤이어야 하고, 특히 견고해야 하며, 습도의 변화에 휘지 말아야 한다. 바이올린 한 대 제작이 거의 일생의 과제였다. 선택된 목재는 수십 년 동안 저장되고 건조되어야 했다. 가문비나무 목재는 앞에서 언급한 여러 이유로, 선박에서 주택 건축에 이르기까지 무수히 많은 분야에서, 없어서는 안 될 필수 목재다.

조상의 '달 목재'가 돌아온다

오스트리아의 기업인이자 전 조림업자인 에르빈 토마 (Erwin Thoma) 같은 선구자와 산림학자들이 경험 많은 벌목꾼의 검증된 전통 방식을 다시 따른다. 올바른 벌목 시점과 달이 목재의 질에 미치는 영향

> "자연에도 자신의 정신에도 폭력을 가하지 않고, 둘이 부드러운 상호작용으로 균형을 이룰 수 있게, 자연과 자기 자신을 동시에 연구하는 일은 아주 편안하다."
> —요한 볼프강 괴테(Johann Wolfgang Goethe)

이 부분적으로나마 입증되었다. 특히 가문비나무처럼 사랑받는 목재의 경우, 음력이 아주 특별한 역할을 한다. 고대의 '달 목재'가 다시 르네상스를 맞은 것 같다. '달 목재'는 화학물질로 처리하지 않아도, 불에 타지 않고 갈라지지 않고 썩지 않는다. 불가능한 일처럼 들리겠지만, 실제로 현재 오스트리아와 바이에른 남부의 모든 호텔이 전통적인 방식으로 건축된다. 예를 들어 쥐드티롤의 최초 목조호텔인 '자이저 알름 우르탈러 호텔(Hotel Seiser Alm Urthaler)'처럼.

1963년 티롤 지역신문들에, 어떤 목재를 어떤 목적으로 언제 자르는 것이 가장 좋은지를 알려주는 오래된 기록이 "벌목과 화전 개간의 올바른 시기"라는 제목으로 보도되었다. 달은 인류의 문화, 신화, 종교에서 이미 옛날부터 늘 중요한 역할을 해왔고 과학적 지식과 미신 사이의 경계는 목재와의 관

계에서도 유동적이다.

유럽서어나무
잘 다듬어진 아름다움의 슬픔

서어나무는 숲에서 거의 주목을 못 받는데, 지금보다는 약간 더 관심을 받아야 마땅할 것 같다. 좋은 특징이 아주 많기 때문이다. 넓은 숲을 관통하는 오솔길을 순식간에 에메랄드빛 그늘 동굴로 바꿀 수 있다. 나무는 다닥다닥 붙어 자란다. 그래서 햇빛은 빽빽한 잎 틈새를 비집고 들어와 복잡하게 꼬인 가지 미로를 통과하여 숲 바닥에 아른거리는 황금빛을 뿌린다. 지나가는 여름 소나기를 만나도 이 나무 아래에서는 안전하다. 이 나무 아래에 있노라면, 가지와 잎과 빛으로 만든 좁은 협곡에 있는 듯하다. 이때 사람들은 이 나무의 고마운 우산 역할을 제대로 인식하지 않거나, 덜 자란 혹은 어린 (붉은)너도밤나무로 오인한다. 그러나 이 나무는 서어나무다!

서어나무는 잘 다듬어진 아름다운 모습으로 인간의 눈을 즐겁게 하면서도 거의 인정을 받지 못하는 회양목과 똑같은 운명이다. 회양목처럼 서어나무도 생울타리로 심어져 담장 역할을 하거나 잘 다듬어진 장식용 나무로 공원에 전시된다. 또한, 서어나무는 임업에서도 가장 대표적인 관목이고, 이 나무의 헌신은 한때 인간에게 매우 중요했다.

야생에서 자유롭게 자라는 경우는 아주 드물다

울창한 숲에서 굵은 뿌리 가닥들이 땅에서 불쑥 튀어나와 불규칙적으로 마구 자라, 마치 땋은 머리처럼 서로 얽혀서 위로 자란다. 몸통이 물결 모양으로 울퉁불퉁해지고 몸통의 횡단면 둘레는 매끈하게 둥글지 않고 구불구불 여러 형태를 띤다. 처음에는 곧게 자라는가 싶지만 이내 이리저리 꼬이고, 줄기들이 옆으로 뻗거나 심지어 바닥을 가리킨다.

서어나무의 몸통은 우아하다. 아주 드문 경우지만, 나홀로 나무로 야생에서 자유롭게 자라면 서어나무는 아주 멋지고 우람한 나무가 된다. 몸통 지름이 1미터가 넘고, 가슴 높이에서 벌써 줄기가 뻗으며, 최대 25미터까지 자라 공 모양의 인상적인 수관을 형성한다. 이런 자유로운 나무는 약 150살까

서어나무를 밑동까지 잘라 그루터기에서 새싹을 틔우는 번식 방법은 임업에서 일반적이다.

지 산다. 그러나 대부분의 서어나무는 이 나이에 도달하기 전에 잘리고 만다. ('밑동만 남기고') 몸통 전체가 잘리면, 서어나무는 그루터기에서 새싹을 틔우는 탁월한 능력을 보인다. 그렇게 몸통이 여럿인 기이한 형태가 만들어진다. 7~10미터를 넘지 않는 이 나무는 삶에 대한 불굴의 의지로 늘 푸르게 번성하고, 저마다 다른 방식으로 다르게 자란다. 그 차이가 때때로 너무 커서, 자칫 다른 나무로 오인당하기 십상이다.

헷갈릴 정도로 너도밤나무와 비슷하다

서어나무는 꽈배기처럼 비틀려 자라, 너도밤나무와 구별되는 독특한 구조를 형성하지만, 밝고 매끈한 껍질은 너도밤나무의 껍질과 매우 유사하다. 여름에 짙은 녹색을 발하는 잎의 모양과 색 역시 언뜻 보기에 너도밤나무와 비슷하다. 그래서 서어나무는 아주 빈번하게 어린 혹은 덜 자란 너도밤나무로 오인된다. 사실 두 나무는 친척 관계조차 아니다. 그뿐 아니라, 둘은 서로를 절대 좋아하지 않고, 가능한 한 멀리 떨어져 있으려 애쓴다. 서어나무는 자작나무과에 속한다. 자작나무, 개암나무, 오리나무와 친척이다.

서어나무와 너도밤나무는 잎 둘레와 잎맥도 다르다. 서어나무의 잎 둘레는 이중 톱니이고, 잎맥은 도드라져 보인다. 잎의 길이는 최대 10센티미터이고 너비는 최대 4센티미터이며, 잎맥이 선명하여 마치 아직 완전히 자라지 않은 것 같은 인상을 준다. 여름에는 잎의 윗면과 아랫면이 모두 짙은 녹색이지만, 늦가을에는 밝은 노랑으로 바뀐다. 하지만 서어나무만 가을에 이렇게 물드는 건 아니다. 몇몇 자작나무종과 단풍나무종 역시 비슷한 변화를 보여준다. 심지어 서어나무는 나뭇잎 모양도 바뀐다. 참나무잎서어나무(Carpinus quercifolia)의 경우, 참나무 잎 모양으로 바뀐다. 그러므로 서어나무를 확실히 구별하려면 전체를 보아야 한다.

프로펠러가 셋 달린 헬리콥터와 굶주린 새

겨울을 나무에서 보내며 해를 넘겨 성숙한 '겨울 꽃눈'은 이듬해 봄에 잎이 나기 직전에 버들강아지 모양의 길쭉한 꽃으로 피어난다. 자웅동주로 암꽃과 수꽃이 한 나무에 피고, 수꽃이 암꽃보다 먼저 핀다. 수꽃이 피면 수관 전체가 밝은 연두색으로 빛나고, 나무 전체가 진동하는 것처럼 보인다. 수꽃은 최대 7센티미터 길이로 눈에 아주 잘 띈다. 수꽃은 꽃가루 짐을 바람에 맡기고, 바람은 꽃가루를 싣고 활짝 펼쳐진 잎 사이를 통과하여 멀리 떠난다. 암꽃은 부드러운 잎이 나올 때 같이 핀다. 기껏해야 4센티미터 길이로 수꽃보다 확실히 작고 눈에 거의 띄지 않는다. 꽃가루가 달라붙게 될, 길게 불쑥 튀어나온 붉은 암술만이 암꽃의 은신처를 폭로한다. 수분 뒤에 모든 힘을 안으로 쏟아 마침내 열매가 성숙하면, 암꽃은 이삭처럼 뻗어 최대 15센티미터 길이가 된다. 이제 더는 자신을 감추지 않는다. 열매는 약 1센티미터가 채 안 되는 수많은 씨에게 좋은 집이 된다. 작은 열매에는 날개가 세 개씩 달렸고, 날개는 바람을 타고 멀리까지 날아간다(프로펠러 헬리콥터처럼). 이때가 되려면 아직 한참을 더 기다려야 한다. 그들은 겨울이 올 때까지 엄마나무의 보호를 받는다.

콩새의 주식: 서어나무의 열매

서어나무의 열매는 당연히 굶주린 새들을 끌어당긴다. 몇몇 새들이 양분이 풍부한 서어나무 열매를 먹으며 힘겨운 긴 겨울을 이겨낸다. 딱따구리, 박새, 동고비 그리고 특히 겁이 많은 콩새가 서어나무의 단골손님이다. 서어나무 씨를 하루에 260개만 먹으면 콩새는 필요한 양분을 넉넉히 얻는다.

새들에게는 아주

게르만 부족들은 서어나무를 심어 울타리로 이용했고, 서로 얽혀서 자라는 서어나무는 부분적으로 최대 100미터 너비의 뚫기 어려운 빽빽한 덤불을 형성한다. 그것은 진격하는 적에게 거의 극복할 수 없는 성벽이었다. 이른바 초록 성벽.

관대하지만, 파리, 곤충, 나비들에게는 1년 내내 거의 아무 도움도 주지 않는다. 곤충들이 서어나무에서 얻는 식량은 자작나무와 버드나무와 비교하면 10분의 1도 채 안 된다. 상대적으로 덩치가 작은 서어나무는 다른 나무가 갖지 못한 특유의 방어전략을 쓰는 것 같다. 이미 입증된 호두나무의 방어전략과 비슷하다.

몸통에서 이미 눈에 보이는 굵은 뿌리 가닥들이, 부드럽고 투과성 높은 숲 토양을 최대 4미터 깊이까지 뚫고 들어가고 거의 5미터까지 옆으로 뻗어나간다. 이런 깊고 넓은 뿌리 체계는 다양한 버섯들과 매우 세밀한 공생관계를 맺는다. 습한 토양에서는 바람에 쉽게 쓰러질 위험이 있는데, 이런 토양에서는 뿌리가 35센티미터 이상 파고들지 못하기 때문이다.

멀리 이주하고 모루처럼 단단하다: '아이언우드'

서어나무는 거의 유럽 전역에서 자란다. 뜨거운 여름은 물론이고 영하 30도 추위에도 끄떡없다. 서어나무가 마지막 빙하기에 굴러 내려오는 얼음덩어리를 피해 중부 유럽을 떠날 수밖에 없었을 때, 코카서스산맥에서 피신처를 찾았다. 그러나 유럽으로 다시 돌아올 때, 서부 유럽에서 (붉은)너도밤나무와 맞닥뜨렸고, 상대적으로 키가 작은 서어나무는 너도밤나무의 빽빽한 나뭇잎 지붕 아래에서 더 전진할 기회를 얻지 못했다. 결국, 서어나무는 동부 유럽에 머물렀다. 동부 유럽에서는 반대로 서어나무가 기원전 약 7000년까지 너도밤나무의 진입을 허락하지 않았다. 지금도 두 나무종은 최고의 토양을 두고 다투는 라이벌이다. 서어나무는 산악지대에서 해발 800~900미터 이상을 오르지 못한다. 그러나 온난화로 인해 점점 높아지는 추세다.

인간은 수 세기 동안 임업에서 서어나무의 왕성한 뿌리 번식을 이용했다. 지금도 존재하는 (페트라)참나무와 서어나무 혼합림은, 이런 방식으로 땔감 나무를 생산하는 임업 덕분에 생겨났다. 10~20년마다 나무들을 밑동만 남기고 자를 수 있었다. 다시 말해 목재를 수확할 수 있었다. 2차 세계대전까지 이것이 일반적인 임업 형식이었다.

서어나무 목재는 회양목 목재와 함께 가장 단단한 목재에 속하고, 옛날에는 이것을 '아이언우드'라고도 불렀다. 서어나무는 너도밤나무를 능가하는 엄청난 연료 가치를 가졌다. 서어나무 목재는 단단해서 옛날에 물레방아를 만드는 데도 사용되었다. 수많은 목공 도구들이 이 목재로 만들어졌고, 지금도 구두골 제작에서는 서어나무 목재보다 더 나은 재료가 없다.

서어나무는 가지치기가 쉬워서, 서툰 정원사에게도 인기가 좋다. 서어나무는 빽빽한 울타리를 형성해서 그 이름을 얻었다.[서어나무의 독일어 이름은 '하인부헤(Hainbuche)'인데, '담으로 둘러싸다'를 뜻하는 '헥트아인(hegt ein)'이 '하인(Hain)'으로 발전했고, '부헤(Buche)'는 너도밤나무이다. – 옮긴이]

• 서양딱총나무

• 서양개암나무

• 구주소나무

• 유럽낙엽송

• 겨울보리수

• 검은포플라

3장

온전히 자신을 바람에 맡긴다

서양개암나무
가을에 가면이 벗겨진다

자연 들판을 닮은 아름다운 정원이 훤히 내다보이는 작업실에서 나는 깜빡 잠이 들었다. 한밤중에 화들짝 놀라 잠에서 깼다. 꺾인 등이 아파서인지, 촛농에 빠진 촛불의 나지막한 치시식 소리 때문인지는 알 수 없다. 나는 깜박이는 촛불을 끄고 잠시 멍하니 앉아있었다.

창문에서 불과 몇 미터 떨어져 있는 커다란 개암나무 뒤로 달이 환하게 떠 있었다. 아직 반달이지만 아주 강렬한 은빛을 뿜어냈다. 연못에서 작은 물고기들이 첨벙대는 소리가 들렸다. 나는 달빛이 물방울에 부서져 눈 깜짝할 사이에 물고기의 젖은 몸 위로 쏟아지는 모습을 상상했다. 자비로운 달님이 부드러운 손길로 연못에 퍼지는 파문을 평평하게 펴서, 어두운 연못을 다시 세상의 거울로 만드는 모습을 상상했다. 그리고 나는 연못 거울 안에 비친 그림자만으로도 개암나무를 알아볼 수 있었다.

개암나무는 이제 자신을 활활 태우는 반달보다 더 크게 자라는 기적을 보여주었다. 나는 릴케가 노래한 것처럼, "손으로 잡듯, 심장으로" 개암나무를 잡았고, 그 순간 내가 개암나무에 대해 안다고 믿었던 모든 것이 모조리 녹아내렸다. 마치 지금 이 순간 처음 개암나무를 알게 된 것 같은 기분. 그것은 머물지 않고 꿈길로 들어섰고, 싹 트는 생각 속으로 소멸했다.

생명의 개선 행진

개암나무는 전투사이다. (호랑)버드나무와 함께 봄에 가장 먼저 꽃을 피운다. 암나무와 수나무가 따로 있는 버드나무와 달리, 개암나무는 자웅동주로, 암꽃과 수꽃이 한 나무에 핀다. 길쭉한 수꽃은 이전해 늦여름에 먼저 등장하여 아무런 보호막 없이 겨울을 맨몸으로 이겨낸다. 그러나 암꽃은 잎겨드랑이 밑에 숨어 보호받는다. 2월 말, 3월 초쯤 모든 것이 아직 숨죽이고 움츠려 있을 때, 최대 8센티미터 길이의 수꽃은 노랗게 빛나는 꽃가루를 입고 가지에 매달려 있다. 잎겨드랑이에 숨어있는 암꽃은 아주 작아 눈에 띄지 않는다. 날아온 꽃가루가 달라붙을 수 있게 붉은 암술을 보여주긴 하지만, 그 외에는 모두 꽃눈의 덮개에 여전히 덮여 있다. 암꽃에는 꽃꿀이 없다. 꽃가루를 가진 수꽃만 겨울에 굶주린 꿀벌들의 방문을 받는다. 수분은 바람이 맡는다. 바람은 수꽃 하나에서 최대 200만 개 꽃가루를 넘겨받아 널리 퍼트린다.

가을에 가면이 벗겨진다
개암나무가 세상에 얼굴을 내민다

9월, 10월이면 석기시대부터 영양 많고 고소한 맛으로 인류와 동행했던, 우리가 잘 아는 바로 그 '헤이즐넛'이 열린다. 열매가 익어가는 모습은 관찰하기가 아주 쉽다. 꽃눈 덮개 안에 여전히 숨어있는 작은 초록색 열매가 매일 조금씩 점점 커지고 노랗게 변하다가 마침내 모든 가면무도회를 끝낸다. 덮개를 벗고 갈색 열매로 모습을 드러낸다. 개암은 모든 설치류, 특히 다람쥐가 좋아하는 맛있는 음식이다. 다람쥐들이 겨울 식량으로 저장해 두기 위해 개암을 땅에 묻어두는데, 너

무 잘 숨긴 나머지 나중에 다시 찾아내지 못하여, 본의 아니게 개암나무의 확산을 돕는다. 땅에 묻힌 개암은 이제 생명을 잃고 썩지만, 덕분에 싹을 틔우고 새로운 개암나무로 자라날 기회를 얻는다. 그러나 이런 고독한 방식 말고 개암나무가 더 자주 이용하는 확산 방식이 있다. 엄마 뿌리에서 멀리 떨어진 곳에 가지가 내려와 땅에 닿으면, 거기서 새로운 뿌리가 생겨 새로운 개암나무가 태어난다.

4월이면 잎이 난다. 타원형으로 둥글넓적한 것이 곰 발바닥을 닮았고, 크기는 손바닥만 하고, 둘레에 톱니가 선명하며, 끝이 도드라지게 뾰족하다. 잎의 아랫면에는 굵은 잎맥이 도드라져 보이고, 나중에 열매가 달릴 잎자루에는 솜털이 있다. 개암나무는 예외 없이 몸통이 여럿이고, 최대 7미터, 예외적으로 심지어 10미터까지 아주 늠름하게 자랄 수 있다. 잘 휘는 유연한 암갈색 줄기에 회색 껍질눈이 퍼져있는데, 개암나무는 이 틈으로 숨을 쉬고 세계를 받아들이고 가스를 교환한다. 굵은 줄기와 두꺼운 몸통에서 가지들이 언제나 하늘을 향해 뻗어나 개암나무 고유의 탄력적이고 유연한 기운을 만들어낸다.

개암나무의 껍질은 딱지 없이 상대적으로 매끈하고, 나이가 들면 회갈색이 된다. 껍질눈은 껍질이 생길 때 이미 발달한

개암나무 껍질의 껍질눈이 가스교환을 돕는다.

다. '겉껍질' 바로 아래에 코르크층(겉껍질과 속껍질 사이의 두꺼운 껍질층-옮긴이)이 형성된다. 가스와 물이 아직은 이 층을 투과하지 못한다. 코르크층이 두꺼워지면서 속껍질을 계속 안으로 누를 때 겉껍질도 비로소 찢어지고 틈이 생긴다. 이제 그 틈에서 죽어가는 세포들 사이로

개암나무의 독일어 이름인 '하젤(Hasel)'은 토끼(Hase)가 주로 개암나무 아래에 보금자리를 마련한다는 믿음에서 유래했다. 반면 라틴어 학명 '코리루스(Corylus)'는 가면이라는 뜻이고, 덧붙여진 '아벨라나(avellana)'는 이탈리아 캄파니아주에 있는 '아벨라(Avella)'라는 지역을 가리킨다. 고대에 아벨라 지역에서 개암나무가 재배되었다.

지속적인 가스교환이 이루어질 수 있다. 이런 틈 외에도, 다른 모든 식물과 마찬가지로, 개암나무 잎에는 능동적으로 열거나 닫을 수 있는 틈, 숨구멍이 있다. 날씨, 온도, 물 필요량, 일조량에 따라 식물은 이 숨구멍으로 가스교환을 조종한다. 이를테면 식물은 산소와 수분을 내보내고 이산화탄소를 흡수한다. 그렇게 식물은 산다.

영원 안에 갇히다

개암나무가 일단 뿌리를 내리면, 풀 한 포기도 그것에 맞서 자라지 못한다. 개암나무의 삶의 의지는 거의 무적이다. 개암나무를 밑동만 남기고 모두 잘라내더라도 이듬해가 되면 마치 아무 일도 없었던 것처럼 예전 그대로의 모습이 된다. 지표면 가까이에 있는 뿌리 뭉치를 포함해 관목 전체를 제거하더라도 종종 헛되다. 개암나무의 기둥형 뿌리는 최대 4미터까지 땅속으로 파고들 수 있기 때문이다. 2년쯤 지나면 뿌리에서 작은 싹이 조심스럽게 빼꼼히 얼굴을 내밀고, 계속해서 자랄 가치가 있는지 살핀다. 개암나무의 기대수명은 일반적으로 약 60년으로 추정된다. 개암나무는 유전자가 똑같은 관목을 매우 왕성하게 탄생시켜 그 자체로 영원히 살 수 있다. 개암나무를 죽일 생물학적 원인은 없다.

스위스의 두 민속학자 에두아르트 호프만크라이어(Eduard Hoffmann-Krayer)와 한스 배흐톨트슈토이블리(Hanns Bächtold-Stäubli)가 1927년에 『독일 미신 사전(Handwörterbuch des deutschen Aberglaubens)』을 출간했다. 여러 권으로 구성된 이 걸작에는 독일어권 전체에서 전해지는 수많은 풍습, 전래동화, 신화들이 약 1만 쪽에 걸쳐 그림과 함께 수록되었다. 가장 방대하고 중요한 이 명작은 16쪽 이상을 개암나무에 할애한다.

"게르만 지역에서 개암나무는 원조 마법 식물로, 수많은 문화적 연관성을 보여준다." 뒤이어 이 미신 사전은 바이에른주에 전해지는 미신들을 소개한다. "집을 떠나 멀리 위험한 길을 가야 하는 농부는 개암나무 지팡이를 챙겼다. 불길한 장소를 밤에 지나야 할 때도 마찬가지였다."

"발푸르기스의 밤 자정에 자른 개암나무를 지닌 사람은 절대 벼랑이나 절벽으로 떨어지지 않을 것이다." 루마니아 트란실바니아에서 전해지는 다른 풍습에 따르면, 전쟁에 나가는 군인들에게, 6월 24일 세례자 요한의 축일에 자른 개암나무 가지를 몸에 지니고 다니라고 권했다. 그러면 "총알이 피해가기 때문이다." 여기서 끝이 아니다. "개암나무는 악령, 광포한 무리, 악마의 사냥, 깡패, 알프스의 마녀로부터 보호한다." 또한, 개암나무 지팡이는 "해를 끼치는 온갖 영적 존재들뿐 아니라, 해충과 벌레, 두더지나 들쥐 같은 해로운 동물들도 쫓아준다."

개암나무는 심지어 땅속 보물과도 연결된다. "오, 보라! 겨울의 고통이 끝나고 / 개암나무가 눈 위에 황금가루를 뿌린다!" 또한, "보물을 찾아내고 캐내는 소원 지팡이는 대개 개암나무 지팡이이다. 개암나무 아래에 보물이 묻혀 있다…."

반면 파라켈수스(Paracelsus)의 소위 '공감 의학'에서 "개암나무 지팡이는 무엇보다 질병을 다른 곳으로 보내는 데 사용되었다." 그리고 "쇠약증과 폐병을 치료하기 위해 환자는 작은 냄비에 소변을 보고 그것을 봉하여 개암나무 아래에 '나의 병을 여기에 묻습니다. 주님, 자비를 베푸소서!'라는 글귀와 함께 묻는다." 또 다른 풍습은, "산짐승이 곡식을 먹지 못하게 하려면, 그해에 새롭게 돋아난 어린 가지를 성금요일 새벽에 꺾어 그것으로 팔찌를 만들어 차고 곡식을 심으라고 권한다." 또한 "무엇보다 성토요일 부활성야에 '거룩한 불(유다의 불)'로 그을린 개암나무 지팡이를 밭에 꽂으면" 밭을 보호할 수 있었다.

개암나무는 축사마법에도 사용되었다. "가축이 마법에 걸리면, 개암나무 회초리로 때리고, 개암나무 꽃을 해뜨기 전에 먹이고, 개암나무 가지를 잘게 잘라서 빵 사이에 끼워 먹인다."

이 미신 사전은 이 밖에도 개암나무의 마법 미신과 풍요의식을 계속해서 길게 소개한다.

서양딱총나무
온화함과 맑음의 샘

　이 나무는 주목처럼 저승으로 가는 관문이 아니고, 두송나무처럼 공기와 빛의 성전이 되지도 않으며, 개암나무의 경쾌함도 없다. 딱총나무는 온화함과 맑음의 샘이다. 딱총나무 그늘에서 즐기는 낮잠은 한여름 무더위에 갑자기 쏟아지는 소나기만큼이나 상쾌하다. 복잡한 생각을 잘 정리하여 잔잔한 맑은 물에 넣어, 말라붙은 혼탁한 오물을 말끔히 씻어내는 것과 같다. 상상의 오물을 씻어내고 나면 깨끗하고 신선한 내면의 세계만 남는다.

　우리는 편안한 친근감과 상냥한 친절이 가장 필요한 바로 그 순간에 딱총나무에서 그것을 발견한다. 그때 우리는 정원에서, 생울타리에서, 매일 지나던 길가에서 딱총나무를 발견한다. 갑자기 딱총나무가 한없이 아름다워 보인다.

독특하게 아름다운 꽃

딱총나무는 정체성이 불확실한 경우가 많다. 관목으로 봐야 할지 나무로 봐야 할지 헷갈린다. 들에서 건초더미에 비스듬히 기대어 어렵지 않게 5미터까지 자라는가 하면, 정원이나 숲 가장자리 혹은 생울타리에서 사람 키 만큼만 자라고, 마당에 홀로 선 수호목이면 심지어 11미터까지 자랄 수 있다. 딱총나무는 변신의 귀재이다. 재치 넘치는 변신에 이 나무의 진정한 아름다움이 담겨있다. 덩굴처럼 퍼지고 휘어진 가지들로 딱총나무는 확연히 관목처럼 보이고, 마치 뺨에 바람을 넣어 부풀린 것처럼 전체 형태가 높이와 너비가 거의 같게 둥그스름하다. 껍질은 두껍고 코르크를 닮은 연갈색이며, 깊은 균열과 고랑이 생겨, 잎이 다 떨어진 겨울에도, 그러니까 '생장 휴식기'에도 딱총나무를 쉽게 구별할 수 있다. 종종 특이하게 얽힌 가지들 때문에, 한때의 아름다움을 모두 포기해버린 듯, 마치 병든 것처럼 연약하고 취약해 보인다. 이듬해 봄에 다시 화려하게 부활할 거라 기대하기 어려워 보인다. 종아리 굵기의 몸통과 거기서 뻗은 줄기에는 스티로폼 같은 밝고 연한 심이 있는데, 이 심은 쉽게 밖으로 빼낼 수 있다.

딱총나무는 수염뿌리를 가졌다. 땅속에 퍼져있는 수염뿌리는 땅 위의 가지들 못지않게 소유욕이 강하다. 딱총나무의 뿌리는 먼저 옆으로 넓게 퍼진 다음 땅속으로 깊이 파고든다. 대략 3~4월이면 깃털 잎이 모습을 드러낸다. 타원형의 개별 잎사귀가 대개는 다섯 개, 때때로 최대 일곱 개가 모여 약 30센티미터 길이의 깃털 잎을 형성한다. 개별 잎사귀는 최대 12센티미터까지 자라는데, 둘레는 톱니 모양이고, 아랫면에 굵은 잎맥이 있다.

열매를 손으로 뭉개면 썩은 내가 진동한다. 이런 악취가 꼬리표처럼 딱총나무를 따라다닌다. 그래서 유다가 예수를 배신한 뒤에 목을 맨 나무가 바로 딱총나무라는 전설이 있다. 다만, 의문이 생긴다. 아무리 딱총나무가 크게 자랐더라도, 어떻게 유다는 그런 관목에 목을 맬 수 있었을까? 아마도 이 전설은 중세시대 초기에, 전해 내려온 딱총나무 숭배 풍습을 없애기 위해 교회가 만들어냈을 터이다. 불쌍한 딱총나무는 오늘날까지도 억울한 누명을 쓰고 산다.

딱총나무는 18세기까지 주로 '라일락'이라고 불렸다. 딱총나무가 오늘날 우리가 잘 아는 라일락과 친척이라서도 아니고, 향기 때문은 더더욱 아니다. 깃털 잎이 바람에 날리는 모습이 라일락처럼 아름답기 때문이었다.

에너지가 많이 드는 잎 틔우기를 끝내면, 딱총나무는 짧게나마 숨 돌릴 여유를 누리다가 5~6월에 아주 독특한 꽃을 피운다. 딱총나무 꽃은 밤나무 꽃 못지않은 특유의 아름다움을 가졌고, 자연이 선물한 가장 아름다운 꽃에 속한다. 반짝이는 작은 별을 닮은, 꽃잎이 다섯 장인 작고 하얀 꽃이 원뿔 모양의 꽃차례로 수백 송이씩 모여 피고, 너비가 최대 30센티미터인 꽃 무더기는 독특한 아름다움을 뽐내며 딱총나무 한 그루에 수백 개씩 피어나, 마치 별이 빛나는 작은 밤하늘이 수백 개씩 나무에 걸려 있는 듯하다. 처음에는 왁스처럼 단단하지만 성숙해감에 따라 점점 연하

"어떤 사람들은 나를 어미 딱총나무라고 부르고, 어떤 사람들은 나를 나무의 요정 드리아데라고 부르지만, 사실 나의 이름은 추억이야."
─한스 크리스티안 안데르센(Hans Christian Andersen)

고 부드러워지고, 만발하는 생명의 매혹적인 향기를 사방에 퍼트린다! 이런 성숙과 소멸의 근접성 때문에, 만개한 꽃 무더기 아래에 요정의 요람이 있다는 전설이 생겼을까?

8월부터 새하얀 별꽃에서 피처럼 빨간 즙을 가진 윤기 나는 짙은 자주색 열매가 맺힌다. 열매의 즙이 살이나 흰옷에 묻으면 없애기가 아주 힘들다. 열매가 익는 동안, 한때 꽃이 달렸던 암녹색 꽃자루도 적포도주색으로 변하고, 열매 무게가 원뿔 모양의 꽃대 전체를 아래로 잡아당겨 환상적인 색조의 대담한 놀이가 펼쳐진다. 까맣게 익은 열매의 지름은 0.5센티미터이고, 검은 내부에 씨 세 개가 감춰져 있다. 엄격히 말하면 이 씨들 때문에 딱총나무 열매는 '핵과'로 분류된다. 푸른박새, 동고비, 혹은 찌르레기가 딱총나무에 즐겨 둥지를 틀고, 잘 익은 딱총나무 열매를 좋아한다. 이 열매에 들어 있는 세 개의 씨는 이런 새들 덕분에 멀리 퍼진다. 딱총나무의 번식을 보장하는, 새에 의한 이런 확산 방식을 '오르니토코리(Ornithochorie)'라 부른다. 딱총나무는 한 꽃에 암술과 수술이 함께 있고, 약 10종과 함께 연복초과에 속한다. 2011년까지 딱총나무는 인동과 활엽관목으로 분류되었었다. 2011년 이전에 출판된 책들에서, 오늘날 기준으로 틀린 내용을 삭제하거나 수정할 필요가 있다.

유럽에서 가장 흔한 관목

개암나무와 함께 딱총나무는 분명 유럽에서 가장 흔히 볼 수 있는 관목이다. 그뿐 아니라 딱총나무는 북아메리카, 시베리아, 거의 모든 아시아 지역에서 자란다. 딱총나무는 정원에서 제멋대로 자라고, 들판에 퍼지고, 숲 가장자리에 아담하게 자리를 잡고, 생울타리에 몸을 숨기고, 개울가에 울타리처럼 늘어선다. 딱총나무가 일단 발을 들여놓으면, 그 생명력은 막을 수가 없다. 그루터기만 남기고 모두 잘라내더라도 금세 다시 무성하게 자라나고, 최대 100살까지 살 수 있다. 개암나무를 비롯한 여러 다른 관목들처럼 딱총나무 역시 꺾꽂이, 접목, 휘묻이 등 무성생식으로 번식할 수 있고, 그래서 적어도 유전학적으로는 영원히 살 수 있다.

딱총나무는 이상하리만치 우리 가까이에 많이 있다. 까탈스럽지 않고 서리에도 강해서, 딱총나무는 알프스에서 해발 1600미터까지 오른다.

딱총나무 꽃은 눈으로 보기에 예쁠 뿐 아니라, 요리 분야에서도 인기가 높다. 세계에서 가장 큰 재배지는 오스트리아의 오스트슈타이어마르크인데, 이곳에서는 아직도 손으로 열매를 수확한다. 딱총나무에서 맛있는 주스, 꽃차, 잼이 생산된다. 딱총나무 열매로 만든 일명 '엘더베리 주스'는 옛날에 허약한 아이들에게 면역체계 강화를 위해 처방되었고, 오늘날인기 있는 이탈리아 샴페인 '프로세코'는 딱총나무 꽃 시럽으로 정제되어, 상큼한 향과 과일 색상, 신선함을 자랑한다. 이 샴페인은 한 마디로 남녀노소 모두의 입맛을 만족시킨다.

믿을만한 수맥탐지기와 환상적인 색채의 기적

옛날부터 직물 염색은 물론이고, 머리카락, 가죽, 포도주의 색을 바꾸는 데에도 딱총나무의 변신능력을 이용했다. 딱총나무는 가장 강력한 천연 염색물질로 통하는데, 나무의 거의 모든 부위가 염색에 이용된다. 오늘날에도 가정에서 활용할 수 있는 다양한 딱총나무 염색 정보들을 인터넷에서 얻을 수 있다. 염색에서 가장 인기 있는 것은 오랫동안 건조해서 사용해야 하는 나뭇잎이다. 나뭇잎 달인 물에 식초를 첨가하면 직물을 하얗게 표백할 수 있고, 명반을 넣으면 녹색이 진해진다. 잘 익은 검은 열매의 힘은 당연히 비교할 수 없이 더 크다. 껍질에는 짙은 자주색 천연염료인 삼부시아닌이 최대 60퍼센트까지 들어있다. 로마시대의 부유한 귀부인들이 벌써 직물뿐 아니라 머리카락도 딱총나무 열매의 붉은 즙으로 염색했었다. 게다가 이 즙에는 항산화 효과가 있어 체세포를 유리기 (Free-radical)로부터 보호한다. 이것은 오늘날의 화학 염료에는 없는 특성이다.(그러나 열매를 생으로 먹어선 안 되는데, 덜 익은 열매는 아직 약간 독성이 있어 구토와 소화 장애를 일으킬 수 있기 때문이다.) 딱총나무의 껍질도 당연히 좋은 염료로 인정받았다. 껍질 달인 물에 식초를 첨가하면 직물을 검게 염색할 수 있다.

헬(Hel), 홀라(Holla), 홀다(Holda) 혹은 홀다(Hulda) 등, 딱총나무를 일컫는 여러 독일어 이름이 원래 의미를 명확히 보여준다. 숲과 죽음의 여신 홀레(Holle)를 지칭하는 이런 수많은 이름이, 열매 안의 씨처럼, '홀룬더(Holunder, 딱총나무의 독일어 이름)'라는 이름 안에 담겨있다. 죽음의 여신은 또한 깊은 우물, 연못, 호수 등 물의 지배자이기도 하고, 삶과 생장을 관장한다. 딱총나무는 실제로 전형적인 수맥 나무로, 종종 이 관목 아래 깊은 곳에 물이 흐른다. 딱총나무의 프랑스 이름은 그래서 '시로(Sureau)'인데, 이것은 '물 위'라는 뜻이기도 하다.

> "모든 것의 본질은 흙입니다.
> 흙의 본질은 물입니다.
> 물의 본질은 식물입니다.
> 식물의 본질은 인간입니다. …"
>
> —찬도기야 우파니샤드 1.1.2, 우파니샤드 경전에서

'헬(Hel)'은 위대한 여신의 이름이지만, 또한 죽은 자들을 받아들이는 감춰진 왕국을 나타내기도 한다. 독일어 '페어헬렌(Verhehlen, 숨기다)'에 여전히 이런 감춤의 뜻이 담겨있다. 반면 '헬리오스(Helios)'는 그리스 신화에서 태양신이다. 어떤 이름은 딱총나무 꽃의 수많은 작은 태양을 가리키고, 어떤 이름은 위대한 홀레 여신과의 예기치 못한 친밀감을 가리킨다! 홀레 여신은 또한 지하세계의 지배자이고, 그녀의 이름에서 지옥을 뜻하는 영어 '헬(hell)'과 독일어 '횔레(Hölle)'가 유래했다.

어원으로 볼 때 'Hel'은 그러나 또한 'alles(모든 것)' 'heilig(거룩한)' 'heil(치유하는)'과 관련이 있다. 그러므로 'Hel'은 원래 생식과 출생을 관장하는 여신

고대 게르만족은 죽은 사람을 딱총나무 아래에 묻었고, 수백 년 뒤에 장의사들은 딱총나무 막대로 시체의 치수를 측정한 뒤에 관을 짰다. 딱총나무 목재는 전통적으로 악한 마법을 물리치는 강력한 무기로서 악령을 쫓아냈다.

이자 죽음과 생명의 어머니였다. 유명한 동화 「프라우 홀레(Frau Holle)」에서처럼, 이 위대한 여신은 생명 실로 거칠게 직물을 짜고, 우리는 그 직물의 염색을 각자의 방식으로 직접 결정한다. 우리가 죽으면 직물에서 실이 풀리고, 동시에 그 실은 새로운 생명을 준비한다. 즉 영원히 회전하는 커다란 물레에 다시 감긴다.

아마도 그래서 어떤 시대에는 딱총나무가 '죽음 나무'로 취급되었을 터이다.

딱총나무의 신화적 의미 때문에, 딱총나무를 베거나 그저 해를 가하는 것조차 수백 년 넘게 엄격히 금지되었다. 두송나무와 함께 딱총나무는 매우 영적인 존재로, 생명의 심오한 비밀과 얽혀있다.

오랜 전설에 따르면, 알프스 지역에서는 딱총나무 열매가 매우 귀하게 여겨졌는데, 딱총나무 열매가 있어야만 양치식물의 씨앗을 얻을 수 있었기 때문이다. 양치식물의 씨앗은 눈에 보이지 않고 그래서 채집하는 것도 불가능하다고 믿었다. 그것을 먹으면 씨앗과 똑같이 눈에 보이지 않게 된다고 믿었으므로 그것은 금보다 더 귀중

했다. 잘 알려지지 않은 한 전설에 따르면, 양치식물의 씨앗을 얻는 방법은 단 하나뿐이다. 1월 6일 밤에 숲으로 가서 마법의 원을 그린 다음, 이전 해 세례자 요한 축일, 그러니까 6월 23일에서 24일로 넘어가는 밤에 채집한 딱총나무 열매를 원 안에 놓아야 한다. 그러면 '식탁보'에 싸인 양치식물 씨앗이 나타나고 그것이 마법사에게 큰 힘을 준다. 그러나 딱총나무 열매는 언제나 7~8월이라야 비로소 익기 때문에, 세례자 요한 축일에 벌써 그것을 채집하기는 불가능했다. 말하자면 마법을 시도하는 것 자체가 애초에 불가능했다. 그리고 우리의 젊은 마법사 지망생들에게 대단히 나쁜 소식이 있다. 그토록 열렬히 원하는 양치식물 씨앗은 원래 존재하지 않는다. 양치식물은 꽃을 피우지 않고 포자를 퍼트려 번식하기 때문이다. 그것을 볼 수 없는 것이 당연하다.

딱총나무는 효능이 가장 많은 약초이고, 분명 그래서 게르만족과 켈트족이 이 나무를 숭배했을 터이다. 보리수를 제외하면, 나무의 모든 부위를 치료제로 이용할 수 있는 나무는 딱총나무뿐이다.

"껍질, 뿌리, 잎, 꽃. 모든 부위가 힘이고 약이다." 조상들의 지혜가 요점을 짚었다.

옛날 민간요법 관점에서 보면, 딱총나무는 다른 어떤 나무 혹은 관목보다도 질병을 빨아들이는 데 탁월했다. 딱총나무로 바늘을 만들어 잇몸을 찔러 피가 나게 함으로써 치통을 딱총나무에 넘겼다. 달이 차오르면 일종의 '강복' 의식을 통해 화농성 종기와 염증성 농양을 딱총나무에게로 쫓아냈다. 이와 유사한 방식으로 통풍, 풍진, 인후통, 또한 간질까지도 치료했다.

딱총나무가 대적할 수 없는 통증은 없었다. 비록 그 효력이 옛날처럼 강력해 보이지 않고, 딱총나무 꽃차와 말린꽃을 우려낸 물로 목욕을 하는 처방에 주로 한정되었더라도, 오늘날 딱총나무의 여러 효력이 이미 입증되었다. 딱총나무의 처방과 사용법은 이 관목의 꽃송이만큼이나 많다. 예나 지금이나 딱총나무를 이용할 줄 아는 사람에게 이 나무는 창조의 선물이다.

> **"딱총나무 꽃을 우려낸 뜨거운 물은, 잘못 사용하는 것이 불가능할 정도로 안전하고, 헛되이 사용하는 것이 불가능할 정도로 효능이 아주 좋다."**
>
> —에드워드 슈크(Edward Shook), 『본초학 특론(Advanced Treatise in Herbology)』 1946

음악에서 딱총나무는 두 가지 역할을 한다. 라틴어 학명인 '삼부쿠스(Sambucus)'는 하프 비슷하게 생긴 악기의 이름을 가리키는데, 이 악기는 고대 페르시아에서 사용되었고 '심비케(Symbyke)'라고 불리는 딱총나무 목재로 만들어졌다. 이 세모난 현악기는 오래된 관목에서 새로 나온 가지로 만들어졌고, 아람어권에서는 '삼베카(Sambbeka)'로 불렸다.

딱총나무의 다른 음악적 측면은 대중들에게 훨씬 더 가까웠던 것 같다. 딱총나무 가지의 연하고 부드러운 심을 파내면, 몇 번의 손놀림으로 속이 빈 막대를 만들 수 있고, 약간의 기술만 있으면 그 막대로 금세 피리를 만들 수 있다. 향기로운 딱총나무 목재에서 나오는 소리는, 딱총나무 잎들이 바람에 나부끼는 것처럼 아주 맑고 가볍다.

또한, 딱총나무 심은 오늘날까지도 시계 기술자로부터 사랑을 받는다. 예를 들어 세공 때 기름이 살짝 넘치면 딱총나무 심으로 차분하게 기름을 닦아낸다. 또한, 화가들은 목탄화를 그릴 때 딱총나무 심으로 목탄을 닦아내 명암을 조절한다.

모양, 형태, 색상의 다양한 변신능력과 숨겨진 비밀을 간직한 딱총나무는 놀라운 창조물이다. 수많은 딱총나무 이야기가 우리에게 생명의 기원과 신비 그리고 삶의 깊이를 들려줄 수 있다. 우리가 듣는 법을 다시 배우기만 한다면 말이다.

딱총나무 그늘에서 즐기는 낮잠은 한여름 무더위에 갑자기 쏟아지는 소나기만큼이나 상쾌하다. 복잡한 생각을 잘 정리하여 잔잔한 맑은 물에 넣어, 말라붙은 혼탁한 오물을 말끔히 씻어내는 것과 같다. 상상의 오물을 씻어내고 나면 깨끗하고 신선한 내면의 세계만 남는다.

구주소나무
온전히 자신을 바람에 맡긴다

구주소나무는 마치 너무 오래 바람과 춤을 춘 듯 잔뜩 흐트러져 보인다. 그러나 바람에 휘둘려 춤을 추는 게 아니다. 바람이 나무를 흔들고 때때로 쓰러트리기도 하지만, 소나무가 바람을 조종하는 것이 느껴진다. 구주소나무는 바람을 반기고 온전히 자신을 바람에 맡긴다. 바람의 품에서 안전하고 보호받는다고 느끼기 때문이다. 구주소나무는 바람과 춤추며 다양한 형태를 보여주고, 그러면 모든 것이 열정적이고 활기차 보인다.

구주소나무를 찬찬히 만지면, 갈라진 붉은 껍질의 거친 섬유질을 통해 쾌활한 온기 같은 뭔가가 느껴져 금세 마음이 편안해진다. 나무의 모든 숨구멍에서 기분 좋은 향기가 나오고, 저절로 숨을 깊이 들이쉬게 된다. 크고 건강한 소나무의 광채가, 아주 천천히 잦아드는 소리처럼 주변으로 널리 퍼진다. 그 주변에는 비밀스러운 손이 마구 뿌려놓은 것처럼 수많은 솔방울이 둥글게 떨어져 천천히 말라간다.

숲 언저리에는 꿈꾸는 소나무,

하늘에는 흰 구름만 홀로,

너무나 고요해서

자연의 깊은 침묵이 들릴 듯하다.

초원과 길에 둥글게 내려앉는 햇살,

산정상은 말이 없고, 바람도 없지만.

나뭇잎 지붕 위로 쏟아지는 햇살이

빗소리처럼 조용히 울린다

─테오도르 폰타네(Theodor Fontane)

불과 바람. 그것이 구주소나무의 본질이다. 숲의 원동력이었고, 숲을 역동적으로 만들었으며, 인간이 개입하기 수백만 년 전에 숲의 안녕과 고통을 결정했던 힘. 여러 의미에서 소나무는 빛의 나무다.

바람과 빛의 나무

나홀로 선 구주소나무는 바람이 시키는 대로 넓은 수관을 만들고, 수관의 그림자에는 빛이 파고들 틈새 하나 없다. 그러나 겨울에 눈이 많이 내리는 지역에서는 수관이 훨씬 좁아져, 거의 가문비나무로 착각할 만큼 나무 꼭대기가 뾰족하다. 구

구주소나무는 주변 환경에 예민하게 반응하기 때문에, 가문비나무처럼 곧은 몸통을 가지기는 어렵지만, 어떤 경우는 가문비나무를 능가하여 최대 50미터

미국에서 자라는 몇몇 소나무종은 섭씨 수백 도의 타는 듯한 열기에 비로소 솔방울 문을 활짝 열고 씨를 방출한다. 그래서 이 소나무종은 화재 후 잿더미 토양에서 가장 먼저 자리를 잡을 수 있다.

까지 자랄 수 있다. 구주소나무는 전나무와 함께 유럽에서 가장 키가 큰 나무에 속한다. 몸통 지름이 1미터가 넘는 경우가 드물지 않다. 최대 8센티미터인 바늘잎은 푸르스름한 녹색에 유연하지만, 그 끝은 놀랍도록 날카롭고 뾰족하다. 바늘잎은 약 2~4년을 가지에 머물고 정기적으로 새잎이 난다. 가을에 오래된 잎들이 무더기로 떨어지지만, 더 젊은 잎들이 가지에 남아있기 때문에 나무는 절대 벌거숭이가 되지 않는다.

구주소나무의 껍질은 아주 특이하다. 껍질에 고랑이 깊이 파이면서 두꺼운 적갈색 판이 딱지가 앉은 것처럼 붙어있는 형상이다. 우듬지 부분의 매끄러운 적자색 껍질에서 다른 소나무종과 구별할 수 있다. 구주소나무의 특징은 불과도 관련이 있다. 이 나무는 불을 방어할 줄 안다. 몸통 아랫부분의 두꺼운 껍질층은 불에 잘 타지 않고, 산불의 위협적인 화형에 쉽게 희생되지 않는다. 그렇더라도 대형 산불 위험이 가장 많은 곳이 바로 소나무 숲이다. 송진이 많아 불이 쉽게 수관까지 번질 수 있고, 특히 바짝 마른 잎이 폭발력을 발휘할 수 있다.

구주소나무는 빛이 많이 필요한 나무다. 그래서 산불 이후처럼 응달이 없고 양분이 많은 토양이 이 소나무에 특히 이상적이다. 자연적으로 생성된 숲에서는 번개나 자기점화로 인한 화재가 종종 발생한다. 그러나 이런 숲에는 나무들이 서로 멀리 떨어져 있어서 큰 산불로 번질 위험은 별로 없다. 게다가 이런 화재는 숲의 재생을 위해 꼭 필요한 과정이기도 하다. 인간이 경제적 목적으로 조성한 이른바 '조림'의 경우, 촘촘하게 심어진 나무들은 불을 피할 방법이 없고 더는 숲의 지배자로 존재할 수 없으므로, 산불의 결과는 정말로 파괴적이다.

구주소나무의 두 번째 특징은 바람과 관련이 있다. 이 나무는 깊고 단단한 기둥형 뿌리를 가졌고, 그래서 다른 나무들보다 더 굳건하게 땅에 고정되어 있을 수 있다. 뿌리는 최대 8미터까지 수직으로 깊이 내려가고, 곁뿌리는 최대 16미터까지 수평으로 뻗을 수 있다! 그러므로 바람에 쓰러지는 일은 드물다. 단, 이렇게 든든하게 뿌리를 내리려면 적합한 토양에서 자리를 넉넉히 차지해야 한다. 애석하게도 두 조건이 항상 채워지는 건 아니다. 독일에서 구주소나무는 가문비나무 다음으로 가장 흔히 재배되는 나무종이고, 그들은 자연적으로 맞지 않은 지역과 환경 속에서도 살아야 한다. 이런 이유에서 소나무가 독일 위도에서 도달할 수 있는 최대 수령은 대개 200~300살이다. 그러나 자연적으로 자라는 건강한 소나무는 원래 1,000살까지 살 수 있다.

구주소나무는 유럽 전역에서 자란다. 동쪽으로 시베리아와 중국까지 퍼졌고, 스칸디나비아에서도 자라며 알프스와 피레네산맥에서도 자란다. 그래서 구주소나무는 가장 넓은 분포지역을 차지한다. 구주소나무는 원래 중부 유럽에서 드물게 만나는 나무종이었다. 구주소나무는 중부 유럽에서 가문비나무와 같은 운명이다. 가문비나무처럼 구주소나무 역시 경제적인 이유에서 수백 년 넘게 넓은 지역에 재배되었고, 숲의 약 23퍼센트를 차지하여 두 번째로 흔한 나무가 되었다.

소나무의 꽃과 솔방울의 기적

수꽃과 암꽃이 한 나무에 핀다. 그러니까 소나무는 자웅동주이고, 꽃은 단성화이다. 꽃은 4~5월에 피기 시작하는데, 노란 작은 수꽃은 최대 2센티미터이고, 반죽 밀대 모양으로 자란다. 바람이 수꽃 하나당 최대 500만 개에 달하는 막대한 양의 꽃가루를 받아, 황금빛 구름을 형성하여 숲에 퍼트린다. 꽃가루의 외피 두 지점에서 공기주머니가 각각 하나씩 생기고, 꽃가루는 이 공기주머니를 이용해 아주 멀리까지, 때때로 수 킬로미터까지 날아간다. 약 5센티미터의 자주색 어린 솔방울로 무리 지어 피는 암꽃은 비늘 모양으로 겹겹이 쌓인 세모난 창문을 활짝 열어 꽃가루 맞을 준비를 한다. 이제 어린 솔방울은 확실하게 어른 솔방울로 성숙할 것이다. 암꽃이 공기역학적 형태를 이용해 지나가는 바람을 조종하여, 눈에 거의 보이지 않는 작은 꽃가루를 보이지 않는 손으로 끌어당기듯, 활짝 열린 솔방울 창문 안으로 인도하기 때문이다. 이 열린 창문으로는 오로지 소나무의 꽃가루만 입장할 수 있는데, 다른 종의 꽃가루는 밀도가 달라 바람에 다르게 반응할 뿐 아니라, 생김새도 완전히 다르기 때문이다. 창문 안의 어두운 내부는 꽃가루를 맞을 만반의 준비가 끝났고, 이제 꽃가루가 예정된 자리로 정확히 미끄러져 들어간다.

솔방울과 인간의 솔방울샘이 비슷하게 생겼다. 그래서 이름을 솔방울샘이라고 지은 것이다. 솔방울샘은 뇌의 중앙에 있고 빛과 어둠을 감지하여 반응한다. 고대 그리스의 의사와 해부학자들은 이것을 '사고의 관문'으로 여겼다.

수분이 되면 솔방울은 창문을 닫고 송진으로 봉인한다. 이제 자주색 솔방울이 초록색으로 변하고, 내부에서는 꽃가루와 수분한 난세포가 1년에 거쳐 씨로 성장한다. 개화 후 2년이 지난 늦겨울과 초봄에야 비로소 씨가 솔방울을 떠난다. 건조해지면, 그때까지 회갈색으로 변한 딱딱한 솔방울이 창문을 열고 씨를 땅으로 떨어트린다. 밤이 되거나 비가 내려 습도가 올라가면 솔방울은 다시 창문을 닫는다.

이런 메커니즘을 이용하여 작은 곤충들이 밤이나 악천후 때 '솔방울 차고'를 대피소로 쓴다. 씨들은 작은 날개를 이용해 바람을 타고 최대 2킬로미터까지 이주하고 혹은 새에게

먹혀 확산한다. 건강한 소나무 한 그루는 매년 솔방울을 약
1,600개씩 생산할 수 있고, 각각의 솔방울은 날개 달린 씨를
약 100개씩 세상에 내놓는다.

'소나무(Kiefer)'의 어원

옛날에 소나무의 송진을 '킨(Kien)'이라고 불렀다. 석기시
대부터 밤을 밝히는 데 사용되었던 횃불용 관솔개비를 독일
어로 '킨슈판(Kienspan)'이라고 하는데, 이것 역시 '킨'에서 유
래했다. 송진을 가리키는 '킨'과 소나무를 뜻하는 방언 '푀레
(Föhre)'를 합치면, 킨포렌(kinforen), 킨파(kinfar), 킨피르(kinfir) 같
은 약간의 발음 변화를 거쳐 마침내 현재 소나무를 지칭하는
독일어 '키퍼(Kiefer)'라는 단어가 탄생한다. 반면 소나무를 지
칭하는 라틴어 '피누스(Pinus)'는 종종 수많은 다른 침엽수의
동의어로 사용되었던 터라, '피누스'가 가문비나무, 전나무 혹
은 소나무를 지칭하는지 명확하지 않은 경우가 많다. '피누
스'는 원래 '뾰족한 바늘'에서 유래한 단어이고, 그래서 구주
소나무의 학명인 '피누스 실베스트리스(Pinus sylvestris)'는 대략
'숲의 뾰족한 바늘'이라는 뜻이다.

호박 보석이 정확히 어떻게 생겨나는지는 아직 완전히 해

명되지 않았다. 호박을 불멸로 만드는 것은(최대 5천만 년 된 것도 있다) 아마도 송진이 풍부한 소나무의 '황금 눈물'일 것이다. 호박은 지금도 여전히 치유 보석으로 사용되는 유명한 유물이다. 꿀 색상의 이 보석은 중국에서 아주 높은 가격에 거래된다. 안에 파리나 모기 혹은 다른 곤충들이 갇힌 채 수천 년을 썩지 않고 있다면 특히 더 비싸다. 호박은 주로 발트해 해변에서 발견된다.

피리연주와 바이올린 음악

소나무는 여러 방식으로 음악사에 흔적을 남겼다. 피리로 만들어져 울림이 깊은 소리를 낸다. 소나무는 현악기를 위해, '콜로포늄'이라는 아주 특별한 물질도 제공한다. 콜로포늄은 현악기의 활과 현이 마찰할 수 있게 활에 바르는 딱딱한 송진 덩어리인데, 이것 덕분에 현악기에서 바른 음이 나올 수 있다. 콜로포늄은 두 번째 피부처럼 활을 얇게 감싼다. 활을 현에 대고 밀었다 당기면 마찰열이 콜로포늄을 녹이고, 당겨진 현을 다시 놓으면, 세차게 돌아가면서 음이 생긴다. 그 즉시 콜로포늄은 다시 단단하게 굳고, 현이 다시 당겨진다. 그렇게 계속 연주가 진행된다. 음색은 악기의 질, 콜로포늄의 질 그리고 당연히 최종적으로 연주자의 실력에 좌우된다.

예수그리스도의 십자가 - 소나무로 만들었을까?

놀랍게도 소나무종에 관한 신화적 이야기는 거의 없다. 소나무는 풍습에서 아무 역할도 하지 않는다. 그러나 2000년 전에 로마군은 당시 갈리아 지방에 흔했던 알레포소나무를 선박 건축에 사용했고, 가장 가혹한 형벌인 십자가형을 위한 십자가도 소나무로 만들었다. 그중에 예수그리스도의 십자가도 있을 확률이 매우 높다.

몇몇 인디언 전통에도 소나무가 등장한다. 예를 들어 블랙풋 부족은 부족의 최고령자가 아이들에게 상으로 주었던 이른바 '이야기 막대'를 소나무로 만들었다. 이 막대에는 눈금이 새겨져 있는데, 이것은 아이에게 들려준 이야기 수를 가리킨다. 아이들은 착한 일을 한 뒤 그 보상으로 이야기를 들을 수 있었다. 나바호 부족은 전쟁 무용으로 치유의식을 거행했는데, 이때 소나무 잎을 사용했고, 소나무에서 얻은 역청을 바디페인팅에 이용했다. 중국에서

독일에서 가장 많이 알려진 소나무는, 헤센주 남부 벤스하임에 있는 아우어바흐 성터의 모퉁이 탑 위에서 자란다. 250~300살쯤 된 이 소나무는 낡은 성벽 꼭대기에서 라인강 평원과 오덴발트의 멋진 전망을 내려다본다.

전해지기로, 험한 산악지대에서 수행하는 도교 승려들에게는 잣이 중요한 음식이었다. 도교 전통에 따르면, 잣은 영원한 생명을 줄 수 있다. 그것은 심지어 이집트의 관에서도 발견되었다. 당시 그 지역에는 분명 잣나무가 전혀 없었을 텐데도 말이다.

고대 그리스에서는 전능한 자연신 '판'에게 소나무 고목을 봉헌했다. 이런 나무는 주로 납골당이나 제단 혹은 성스러운 불 근처 눈에 잘 띄는 장소에 있었다. 몇천 년 뒤 바이킹들은 족장이 죽으면 소나무로 만든 용선(龍船)에 안치했다.

소나무 목재의 의학적 의미

오래전에 입증되었듯이, 소나무(알프스 지역에서는 잣나무) 목재는 인간의 신체 건강에 좋은 영향을 미친다. 소나무 침대에서 자기만 해도 벌써 맥박이 약 10퍼센트 느려진다.

깊이 숨을 들이쉬고 내쉬며 천천히 소나무 숲을 걸으면

고대 로마 시대에 이른바 '피냐(Pigna)'라고 불리는 수 미터 크기의 청동 솔방울이 만들어졌다. 그것은 현재 바티칸 박물관의 피냐 정원(Cortile della Pigna)에 있다.

폐가 건강해지는 효과를 쉽게 경험할 수 있다. 소나무는 수천 년 넘게 폐 치료제였다. 지금도 입욕제 형식으로 이 효과를 이용한다. 또한, 차로 마시고, 연고로 바르고, 향으로 흡입한다. 이것들은 긴장을 풀어준다. 소나무는 기침을 가라앉히고, 머리를 맑게 하고, 폐를 보호하며, 혈액순환을 강화한다.

소나무의 바늘잎과 가지 끝에는 향유가 함유되어 있는데, 이것은 염증을 소독하고 진정시키는 효과가 있다고 전해진다. 자연요법은 이 향유를 피부염증, 류머티즘, 근육통에 사용한다. 또한, 부비동 염증 때 소나무 잎 향유를 혼합한 수증기를 흡입하면, 호흡하는 데 도움이 될 수 있다. 소나무의 줄기, 가지 끝, 잎에서 추출한 향유는 신선하고 알싸한 향과 소독제 및 거담제 효과 때문에, 사우나 혹은 감기 목욕에서 입욕제로 즐겨 사용된다.

소나무는 자연의 기적에 다시 경탄하는 법을 배우기에 아주 적합한 나무이다.

불과 바람. 그것이 구주소나무의 본질이다. 숲의 원동력
이었고, 숲을 역동적으로 만들었으며, 인간이 개입하기
수백만 년 전에 숲의 안녕과 고통을 결정했던 힘. 여러
의미에서 소나무는 빛의 나무다.

유럽낙엽송
송진은 물보다 진하다

수천 년 동안 알프스 지역 주민에게 낙엽송은 나무 세계에서 온 가장 중요한 동행자였을 것이다. 낙엽송은 봄부터 가을까지 다채로운 색상을 보여준다. 낙엽송의 바늘잎은 봄에 연한 초록색을 띠고, 어린 너도밤나무의 어린잎처럼 보슬보슬 부드럽다. 그러나 늦여름이 되면 열정이 깨어난다. 비슷비슷하게 생긴 어두운 침엽수들 틈에서 단연 두각을 나타내며 가을 하늘을 찌를 듯 힘차게 뻗어 올라 독보적인 자연 불꽃놀이에 시동을 건다. 그런 다음 낙엽송은 마치 다가오는 겨울을 위해 레드 카펫을 깔아주려는 듯, 계곡과 산등성이를 주황, 노랑, 빨강으로 물들여 불타는 장관을 연출한다. 그 색채가 어찌나 화려한지 눈이 부실 정도다.

송진은 물보다 진하다

여느 침엽수와 달리 낙엽송은 마치 활엽수처럼 가을이면 옷을 모두 벗는다. 그러나 피는, 아니 송진은 역시 물보다 진하다! 낙엽송도 침엽수답게 송진이 풍부하다. 그래서 가벼운 상처에도 벌써 송진이 넘치듯 흘러나온다. 그러면 금세 향긋한 냄새가 퍼지면서, 낙엽송이 다양한 종을 포괄하는 소나무과에 속한다는 것을 폭로한다.

낙엽송은 알프스 지역에서 최대 해발 2,400미터까지 오르고, 독일 위도 대부분에서 중간 높이의 산을 보금자리로 한다. 유럽에서 낙엽송은 카르파티아산맥과 주데텐란트 지역에서만 자연산이다. 평지의 낙엽송은 대개 재배되는 나무이다. 독일에서 낙엽송은 약 3퍼센트로 소수에 속한다.

어린 낙엽송의 껍질은 반질반질하고 녹색이지만, 나이가 들면서 깊게 고랑이 패이고 종종 이끼가 자라 신비한 기운을 발산한다. 평지에서 재배되는 낙엽송의 몸통은, 드문 경우지만 지름이 약 2미터에 달할 수 있다.

낙엽송은 강력한 뿌리 덕분에 고산지대에서도 굳건히 서 있다. 넓고 깊게 뻗는 이른바 심장형 뿌리는 돌이 많은 단단한 토양을 뚫고 들어간다. 부드러운 토양이면 2미터 깊이까지 파고들 수 있다.

하늘을 찌르는 환호, 죽음의 통곡

어두운 겨울에 낙엽송은 바늘잎과 함께 화려한 색채와 경쾌함도 모두 잃고, 자신의 더 심오한 새로운 면모를 보여준다. 로마의 학자 대플리니우스는 서기 77년경에 출간한 『자연사』에서, 낙엽송을 '겨울에 슬픈 나무'라고 불렀다. 알프스의 넓은 산악지대의 전통적인 정착지를 제외하면, 낙엽송은 주로 숲 가장자리에서 자라고 대부분 4~5그루씩 작은 그룹을 형성한다. 낙엽송은 주의를 기울일수록 더 자주 만나게 된다. 울창한 숲에서 홀로 길을 잃은 낙엽송을 만나는 일은 드물지만, 때때로 바람에 기울어진 가냘픈 모습이 도드라져 보인다. 낙엽송은 빛이 많이 필요한 나무라, 다른 나무들과 멀찍이 떨어져 있어야 한다. 몇몇 소나무종과 마찬가지로 낙엽송 역시 대칭이 아닌 경우가 많다. 가문비나무나 전나무의 곧게 뻗은 대칭형은 기대하기 어렵다. 다른 나무와 비좁게 붙어 있으면, 우듬지 부분이 좁아져서 이웃 나무의 윤곽과 자연스럽게 중첩된다. 이때 낙엽송의 외형은 개성 넘치는 독특함을 보여준다. 수관은 꼭대기 부분이 비틀리고, 때때로 마지막 끝이 하늘을 향해 둥글게 똬리를 틀어놓은 것 같다. 마치 더 높이 올라갈 자신이 없어 머뭇거리는 듯하다. 어떤 수관은 난쟁이들이 쓰는 우스꽝스러운 고깔모자를 닮았다.

나이가 들수록 수관은 넓어지고, 거의 수평으로 뻗은 가지들 때문에, 나무 전체가 마치 하늘을 향해 던져놓은 닻처럼 보인다. 강풍에 수관이 부러지면, 강한 줄기들이 지휘권을 넘겨받아 새롭게 수관을 형성하고, 그래서 수관이 여럿이 되기도 하고 혹은 위로 뻗는 몸통에서 여러 줄기가 갈리는 이른바 '캔들라브라 낙엽송'(캔들라브라: 몸통 하나에서 여러 줄기가 갈라진 형태의 장식용 촛대-옮긴이)이 탄생한다.

낙엽송은 성장력과 생명력에서 다른 소나무과에 뒤지지 않는다. 유럽낙엽송은 최대 50미터까지 자랄 수 있고, 600년 이상을 살 수 있으며, 개별적으로 이것을 능가하기도 한다.

벌거벗은 겨울 낙엽송은 기이한 모양으로 갈라진 줄기를 고스란히 드러내고, 가지에는 고개를 내민 수많은 싹과 움 그리고 작은 매듭으로 덮여 있는데, 그 안에는 새로운 바늘잎들이 다가오는 봄을 위해 대기하고 있다.

이른 꽃들의 윤무

낙엽송은 자웅동주로, 수꽃과 암꽃이 한 나무에 핀다. 수꽃의 꽃가루주머니는 아주 작고 황금색이며 아래로 처져서 매달려 있다. 바람에 실어 보낸 꽃가루가 잎에 걸리지 않게 하려고, 낙엽송은 개암나무, 버드나무, 자작나무의 뒤를 이어 잎이 나기 전에 먼저 아주 일찍 수꽃을 피운다. 암꽃은 매달려 있는 수꽃과 달리 가지에 꼿꼿하게 서 있고, 처음에는 신비로운 보라색이었다가 나중에 점차 녹색으로 변하고 마지막에 갈색 솔방울로 딱딱해진다. 암꽃은 수분된 씨를, 비늘 모양으로 겹겹이 배열된 세모난 창문 안에 꼭꼭 숨겨 다 자랄 때까지 보호한다. 낙

건강한 나무에는 씨를 가득 품은 솔방울이 3,000개 넘게 달린다. 아주 비슷한 솔방울을 가진 오리나무와 똑같이 여기서도 검은방울새가 단골손님이다.

엽송 씨는 최대 3밀리미터 크기로 자라고, 날개가 달려서 바람의 힘을 최적으로 이용할 수 있다. 그러나 그렇게 되기 전에 종종 배고픈 새들에게 쪼여 먹힌다. 수분 뒤 이듬해 봄에 씨가 크게 자라면, 새들에게는 진수성찬이 차려진 것이다.

씨를 방출한 텅 빈 솔방울이 몇 년씩 가지에 달려있고, 낙엽송은 언젠가 빈 솔방울과 가지를 통째로 땅에 버린다. 낙엽송에는 절단 지점이 있어, 바람에 나무가 통째로 쓰러지는 불행이 닥치기 전에 잔가지들이 미리 부러진다. 낙엽송은 아주 약해서 잘 부러지는 것처럼 보이는데, 어쩌면 그래서 슐레지엔 지방 사람들은 낙엽송을 '부러지는 나무'라고 불렀을 터이다. 낙엽송은 무자비하게 휘몰아치는 겨울바람 속에서 멸망의 노래를 나지막하게 끊임없이 부르는 것 같다. 영원한 '죽음의 경고(Memento Mori)'를 보내는 것 같다. 부러진 벌거벗은 가지가 죽음을 상징한다. 그러나 이듬해 봄에 돋아나는 부드러운 잎의 신선한 녹색은 죽음을 극복한 강력한 힘과 빛나는 생명의 승리를 상징한다.

이 모든 것이 낙엽송에 신비한 이미지 그 이상을 부여한다.

낙엽송은 원래 북쪽 아한대에서 왔고 샤머니즘에서는 자작나무와 함께 멀리 시베리아까지 성스러운 나무로 통했다. 현재까지 발견된 유물 중, 세계에서 가장 오래된 목공예품으

낙엽송 목재로 만든 조각상

로, 시기르 늪지에서 발굴된 '시기르 우상' 역시 같은 방향을 가리킨다. 1890년 겨울에 채광꾼들이 예카테린부르크 인근에서 이 조각상 유물을 발견했다. 조각상에는 머리가 우스꽝스럽게 작고 원시적인 사람이 비명을 지르는 듯 입을 크게 벌린 모습이 기하학적 무늬와 함께 조각되어 있다. 낙엽송 통나무에 조각된 이 조각상은 약 11000년 된 유물로, 원래 5미터가 넘을 것으로 추정되고 늪에서 공기가 닿지 않아 놀라울 정도로 잘 보존되었다. 이 조각상은 지금까지 전례 없는 중석기 시대의 예술성을 보여준다. 기자 평원의 피라미드와 스톤헨지가 생기기 수천 년 전, 빙하기의 얼음이 물러나고 숲이 다시 토양을 점령하던 시대였다.

전설에 둘러싸여

독일에서도 낙엽송을 숭배했다. 당연

히 특히 알프스 지역에서. 신성한 낙엽송이 곳곳에 있었다. 예를 들어 티롤의 나우더스에 혹은 테르펜스 근처 '자비의 숲'에 있는 오늘날의 순례지인 '마

리아 라흐'에. 전설에 따르면 17세기에 성모마리아가 발현한 곳으로, 심지어 언어장애가 있던 한 소녀는 이 낙엽송 아래에서 기도한 뒤 다시 말을 할 수 있게 되었다고 한다. 애석하게도 이 신성한 낙엽송은 그사이 쓰러질 수밖에 없었다. 순례자들이 그루터기로 수천 개의 부적을 만들어, 지금은 자비의 숲에 있던 신성한 나무에서 아무것도 남지 않았다.

유럽에서 가장 높은 곳에 지어진 수도원교회는 낙엽송에서 비롯되었다. 이 교회는 낙엽송 그루터기가 안식처가 된 자비의 상징이다. 전설에 따르면, 1392년에 한 천사가 당시에 이미 속이 빈 낙엽송 그루터기 앞에 나타나 말했다. "그루터기야, 너는 하늘 여인의 그림을 품게 될 것이다!" 사람들은 신성한 낙엽송을, 요정 같은 영적인 존재의 거주지, 거룩한 지식의 피난처, 인간과 동물의 보호자로 여겼다. 대플리니우스가 벌써 불에 잘 타지 않는 낙엽송의 놀라운 내화성에 대해 썼었다. 그래서 알프스 지역 농부들 역시 집을 지을 때 벽과 지붕은 낙엽송 목재를 사용했다. 이 전통이 오늘날 서서히 다시 살아나고 있다. 낙

엽송은 강력한 수호목으로서 농장 근처에서 자주 발견된다. 또한, 무엇보다 '송진' 때문에 낙엽송은 수세기 동안 민간요법에서 없어서는 안 되는 나무였다. 낙엽송 송진으로 만든 약은 상처를 치유하고 통증을 가라앉히며 염증을 억제한다고 한다. 낙엽송 송진은 구하기도 쉽고 제조법도 간단하다.

다리, 물레, 창문을 위한 목재

침엽수 중에서 낙엽송이 가장 단단하고 내구성이 좋다. 이런 면에서도 낙엽송과 활엽수의 근접성이 명확해진다. 참나무조차 수중건축에서는 품질 면에서 낙엽송보다 덜 적합하다. 장기적인 내구성이 필요한 건축이면, 낙엽송 목재가 사용된다. 다리 건축, 물레방아 건축, 광산과 토공뿐 아니라 포도주 통으로도 낙엽송 목재가 선호된다. 건물을 지을 때 창문틀, 문, 바닥, 계단에 낙엽송 목재를 사용한다.

겨울보리수
이 나무의 편안한 그늘에 기꺼이 모인다

들판에서 잘 자란 보리수의 독보적인 인상에 마음을 빼앗겨, 누구나 시간을 잊고 한참을 바라보게 된다. 보리수의 웅장한 모습은 마치 넓은 품에 안긴 것 같은 온화한 안정감과 따뜻한 친근감을 준다. 보리수의 모든 것이 모든 감각을 자극한다. 은은한 향이 코를, 외형이 눈을, 그리고 나뭇잎이 바람에 바스락거리는 소리가 귀를 즐겁게 한다. 나무껍질과 잎은 어깨를 토닥이는 오랜 친구의 손처럼 친숙하다. 늙은 보리수에 등을 기대면, 나무에 몰려온 꿀벌들의 윙윙거림에서 영혼의 열광이 느껴져 우울한 생각에 잠혀 있기 힘들다.

오늘날 깊은 숲에서 자유롭게 자라는 보리수를 만나기가 매우 어렵더라도(설령 만나더라도 언제나 혼자이거나 소그룹으로 있다), 보리수는 우리 인간과 가장 친밀한 나무인 것 같다. 보리수는 수천 년 동안 인간과 동행하며 문화적으로 가장 중요한 나무가 되었다. 그들의 보금자리는 더는 숲 한복판이 아니라 마을의 한복판이고, 사람들은 이 나무의 편안한 그늘에 기꺼이 모인다. 도로변, 길가, 교차로에서 가로수로 혹은 골목 모퉁이에 마련된 기도 장소로 우리와 자주 만나 동행하고, 때로는 교회마당에서 우리를 따뜻하게 맞는다.

유럽에 사는 열대나무

보리수는 전 세계에 약 40종이 있지만, 독일에서 자연적으로 자라는 보리수는 단 몇 종뿐이고, 여름보리수와 겨울보리수가 대표적이다. 둘은 공통점이 아주 많아서 구별하기가 매우 어렵다. 여름보리수의 대표적인 특징은 커다란 잎이다. 이 잎에는 솜털이 있고, 잎눈과 꽃눈에도 솜털이 있다. 반면, 겨울보리수에는 솜털이 전혀 없다. 그러나 크기, 덩치, 키는 여름보리수와 거의 같다. 두 보리수가 교배되어 유럽보리수가 탄생하면서 구별이 더 어려워졌다. 이 나무의 올바른 학명이 무엇인지, 염색체가 몇 개인지, 목재가 어떻게 쪼개지는지 아주 정확하게 아는 것은 그다지 중요하지 않다. 독일에서 자라는 보리수를 안전하게 그냥 크림색 보리수 혹은 은색 보리수라고 부르는 게 맞을지도 모른다.

여기서 다루는 겨울보리수는 유럽에서 가장 강력한 나무종에 속한다. 모든 보리수는 아욱과로 분류되고, 아욱과 식물 대부분이 열대식물이다. 예를 들어 코코아나무와 면화는 겨울보리수에게 이른바 외국에 사는 '숙모'쯤 된다.

늦은 아름다움

　겨울보리수의 몸통은 아주 짧지만, 대개 위로 갈수록 줄
기가 여러 번 갈리면서 계속 자라 결국 몸통이 여럿인 나무가
되어 최대 30미터까지 도달할 수 있다. 들판의 겨울보리수는
때때로 거의 바닥에 닿을 정도로 우람한 공 모양의 수관이 형
성된다. 잎은 매우 규칙적으로 두 줄로 나고, 가지는 부채 모

용의 피로 몸을 씻는 자.
그 몸이 단단해지고, 그 피부가 딱딱해지리니,
어떤 무기도, 어떤 위험도, 어떤 고통도
그를 해치지 못하리라.
그러나 『니벨룽겐(Die Nibelungen)』의 주인공인 지크프리트는 용의 피로
몸을 씻을 때, 어깨 사이에 떨어진 하트 모양의 보리수 잎이 암살자 하겐
의 창을 자신의 심장으로 안내하여 죽게 될 것을 미처 예상하지 못했다.

양으로 뻗어 최대한 많은 빛을 받을 수 있게 한다. 그 결과 이 나무는 그늘에서도 잘 자라고, 스스로 그늘을 만든다. 공원과 들판에서 크고 둥그런 수관으로 시선을 끌뿐 아니라, 여름의 열기를 피할 수 있는 편안한 만남의 장소를 제공한다.

잎이 아주 늦게 나오기 때문에 마법의 그늘도 아주 늦게 마련된다. 이르면 4월 말에도 잎이 나오지만, 대개는 5월이 되어야 비로소 예쁜 하트 모양의 잎이 여리고 부드러운 녹색으로 모습을 드러낸다. 최대 5센티미터나 되는 긴 잎자루에 대략 손바닥 크기 정도까지 자라고, 잎 둘레는 아주 부드러운 톱니 모양이다.

잎이 나고 얼마 후 6~7월이면 태양을 품은 꽃들이 핀다. 중부 유럽의 거의 모든 활엽수는 이미 이전 겨울에 꽃을 준비한다. 꽃들은 활짝 피어나기 전에 꽃눈의 보호 속에서 추운 겨울을 보낸다. 보리수의 꽃들은 그 해에, 피기 직전에 나무 깊은 곳에서 만들어진다. 꽃이 활짝 피면 꿀처럼 향기로운 냄새도 사방으로 퍼진다. 보리수는 수만 개의 연한 황금빛 꽃대로 치장하고, 꽃대 하나에 약 열 개씩 뭉쳐서 꽃이 피고, 꽃 하나는 약 1센티미터 크기다. 보리수 꽃은 양성화이다. 자기 수분을 최대한 방지하기 위해, 꽃가루를 방출하는 수술이 암술보다 약간 더 빨리 성숙한다. 수술이 성숙한 직후에 암술이 성숙하고, 그러면 꽃마다 매일 꽃꿀이 수 마이크로리터씩 넘쳐흐른다.

꽃꿀은 연두색 꽃받침 바닥에서 만들어진다. 꿀을 품은 꽃받침은 황갈색 수술을 가진 하얀 꽃을 받치고 있고, 수분을 담당할 곤충들은 꽃 한복판에서 갈망하듯 불쑥 솟은 암술을 그냥 지나칠 수가 없다. 이제 곤충들은 다른 보리수의 수술에서 몸에 묻혀온 꽃가루를 암술에 전달한다. 꽃가루는 씨방으로 안전하게 연결되는 바로 그곳, 즉 암술머리 끝에 난 흉터 부분에 정확히 달라붙는다.

꽃꿀은 저녁에 더 풍부해진다. 수많은 꿀벌, 말벌, 꽃등에 그리고 여러 다른 곤충들이 와서 꿀을 먹는다. 수분이 끝나면, 꽃꿀 생산도 중단된다. 외적인 아름다움이 서서히 사라진다. 반면 내면에서는 새로운 생명이, 보리수 씨가 자란다. 앞으로 몇 달 동안 조용히 자라 9~10월이면 동그란 완두콩 모양의 견과로 익는다. 몇 주를 더 나무에 머물고, 언젠가 바람이 와서 프로펠러가 달린 열매를 따 주변으로 운반한다. 이 열매는 작은 혀처럼 생긴 프로펠러의 도움으로 최대 60미터까지 날아간다. 때로는 겨울까지 나무에 남아, 낙엽이 질 때면 짙은 갈색의 나무껍질과 흥미로운 색상대비를 이룬다.

수천 년과 영원 - 시간이 뭐란 말인가?

여느 나무들과 마찬가지로 어린 보리수의 껍질은 반들반

들하고 밝은 회색이다. 그중 유독 보리수만은 특이하게도 겉껍질 바로 아래에 긴 속껍질 섬유질이 아주 많다. 이것은 지금도 끈과 밧줄을 만드는 원료로 쓰인다. 반들반들하던 연회색 껍질은 나이가 들면서 고랑이 깊게 생기고 아주 멋진 갈색이 된다.

보리수는 넓고 깊게 자라는 심장형 뿌리를 기반으로 들판에서 든든하게 버티며 수천 년을 살 수 있다. 썩어 가는 오래된 몸통의 내부에서 이른바 '공기 뿌리'가 생겨 몸통을 관통하여 자라 급기야 몸통을 가득 채워 나무의 생존을 이어간다. 성장하는 뿌리는 죽어가는 몸통에서 영양분을 얻고 남은 찌꺼기를 밖으로 밀어내 바깥 껍질을 형성한다. 그렇게 늙고 쓸모없어진 몸통이 마침내 완전히 새롭게 대체된다. 옛날에는 속이 빈 몸통을 좋은 의도에서 콘크리트나 비슷한 재료로 채워, 나무를 다시 든든하게 지탱하려 했지만, 정확히 그 반대의 결과를 얻었다. 말하자면 그것은 위대한 베테랑 고목에 내리는 진짜 사형선고나 마찬가지였다.

겨울보리수는 독일에서 들판뿐 아니라 산 중턱에서도 자란다. 또한 따뜻한 지역에서 참나무-유럽서어나무 혼합림에 섞이고, 심지어 소나무 숲에도 홀로 끼어 산다. 이 나무는 거의 유럽 전역을 고향으로 삼는데, 동쪽으로는 멀리 코카서스 산맥까지 뻗지만, 남쪽으로 스페인, 이탈리아, 그리스까지는 침투하지 못한다.

보리수가 진짜 기독교 나무일까?

게르만족 조상들은 보리수를 신성한 나무로 여겨 프리가 여신에게 봉헌했고, 보리수에서 보호와 사랑, 치유를 찾았다. 독일에서 의미가 깊은 나무들을 보면 보리수가 많은데, 그것들은 주로 종교적 건축물 및 성전과 밀접한 관련이 있다. 기독교화 과정에서 이교도들의 신성한 나무들이 중세 초기부터 기독교적으로 재해석되고 적응되어 '통합'되었다. 그래서 그렇게 많은 '마리아 보리수'가 있는 것이다. 또한, 오늘날에도 여전히 사람들은 주로 보리수 앞에 십자가상을 세워 침묵과 묵상, 기도의 장소로 사용한다. '독일인의 사도'라 불리는 선교사이자 마인츠 주교인 보니파시오(Bonifatius)는 게르만족의 나무 성전을 파괴하고 그 자리에 보리수 묘목을 심었다. 헤센의 알스펠트에 오래된 보리수 그루터기가 있는데, 전설에 따르면, 보니파시오가 직접 심은 것이라고 한다. 이런 관점에서 보면 전나무나 가문비나무는 진정한 기독교 나무가 아니다. 기독교 나무의 지위는 오히려 보리수가 가져야 한다. 당연히 크리스마스트리도 마찬가지다.

이름에 담긴 상징의 힘

보리수속을 뜻하는 학명 '틸리아(Tilia)'는 그리스어로 '속 껍질'을 뜻하는 '틸로스(tilos)'에서 유래했다. 이런 학명이 벌 써 보리수의 부드러움과 유연함을 명확히 가리킨다. 속껍질이 보리수의 이름에 영감을 주었는지 아니면 그 반대인지, 오늘 날 더는 명확하게 답할 수 없다. 독일어 이름 '린덴'은 확실히 '유연한, 탄력적인'이라는 뜻의 인도게르만어 '렌토스(lentos)'에 서 파생했다.

플라톤이 이미 알았듯이, 선과 미가 있는 곳에는 진리도 있기 마련이다. 인간은 수천 년 넘게 보리수의 수많은 미덕을 이용했다. 그중에서도 특히 정의.

법정 보리수

게르만 사람들은 우람한 참나무 아래뿐 아니라, 사랑의 나무 보리수 아래에도 이미 수없이 많은 일로 모였었다. 그들 은 나무 아래에서 잔치 혹은 재판을 열었다. 앞에서 언급했 던 '마을 보리수' 풍습은 당시 '씽(Thing)'이라고 불렸던 이 재 판을 지금도 여전히 증언한다. 사람들은 사랑의 나무가 진실 을 밝혀줄 거라고 확실히 믿었고, 때때로 이 재판을 완곡하게 표현해서 '악당들에 대한 보리수 판결'이라고 불렀다(보리수 판결(lindes Urteil)은 현재 가벼운 처벌을 뜻한다-옮긴이) 더 멀리 중세시대로 거슬러 가면 보리수는 법과 연결된다. 이 시기의 수많은 문서에 '유디키움 수브 틸리아(judicium sub tilia)'라고 적혀 있는데, 이것은 '보리수 아래의 정의'라는 뜻이다. 널리 사용되는 'subtil'의 어원이 'sub tilia'이고, 이 어원이 'subtil'의 의미를 명확히 한다. '면밀한, 치밀한, 섬세한, 미묘한'. 보리수가 강렬하게 시선을 사로잡아 화형의 저주를 받던 시대도 있었다. 가장 사랑받는 수호목조차도 이 끔찍한 일을 막을 수 없을 정도로 인간의 광기는 너무 컸다. 여러 전설적인 '마녀 보리수'가 이런 슬픈 사건들에 대해 전하고, 더 넓은 관점에서 중세시대 교회의 가르침과 이 놀라운 나무의 불행한 연관성을 보여준다.

> 보리수는 독일의 수많은 도시, 마을. 단체의 작명에 영감을 주었다. 대략 수천에 달하는 장소의 이름에 보리수가 들어간다. 예를 들어 '라이프치히(Leipzig)'는 소르브어로(슬라브어군에 속하는 언어군으로 독일 동부에서 사용한다-옮긴이) '보리수 장소'라는 뜻의 '립스크(Lipsk)'에서 유래했다.

독일에서 가장 오래된 몇몇 나무들은 법정 보리수로서 파란만장한 과거를 가졌다. 그곳에서 수많은 사람의 운명이 결정되었다. 분명 언제나 피고에게 유리한 판결만 내려지진 않았을 터이다. 보리수는 고대 역사와 깊은 비밀을 들려줄 수 있다. 그러므로 보리수의 이야기를 제대로 알아들을 수 있어야만 하리라.

춤 보리수

독일의 수많은 마을 보리수 아래에서 더는 재판이 열리지 않는다. 그러나 중세시대 이후로 전해져 내려오는 아름다운 풍습인 '춤 보리수'는 여전히 유지되고 있다.

몇몇 마을에 지금도 우람하게 자라 시선을 압도하는 수백 살 된 보리수가 있다. 이 나무의 굵고 든든한 가지 아래에 커다란 무도장이 만들어졌다. 하늘에 닿을 듯한 우람찬 크기, 꽃꿀을 가득 품은 향기 가득한 꽃과 그곳에서 윙윙대는 꿀벌, 바람에 조용히 나부끼며 바스락거리는 나뭇잎들. 수많은 연인이 온화한 여름밤 보리수 아래에서 꿈꾸듯 사랑 이야기를 속삭였다. 화려하게 아름다운 보리수 아래에서 지금도 사람들이 춤을 춘다. 보리수 한 그루마다 그 아래에서 일어난 일들로 책 한 권을 써도 되리라. 아니면 적어도 여름밤에 방문해 밤새 춤을 출만하다.

괴테는 『파우스트』에, 보리수 아래에 모인 의사, 농부들, 그레첸에 대해 썼다.

"목동은 춤추러 가기 위해 목욕을 하고,
화려한 재킷을 입고
리본과 화환, 보석을 달았다.

보리수 주위는 벌써 사람들로 가득하고
모두가 벌써 신나게 춤을 추었다."

또 다른 특별한 보리수는 이른바 '사도 보리수'인데, 이 나무가지 12개를 인위적으로 옆으로 당겨, 넓게 뻗은 가지를 참나무 기둥이나 돌기둥으로 받쳐놓았다. 그리하여 거대하고 경외감을 불러일으키는 보리수 정자가 생겨났고, 그 아래에서 잔치도 열 수 있다. 가장 유명한 '사도 보리수'는 바르부르크 근처 게르덴에 있는데, 나선형 철제계단을 이용해 나무 위로 올라갈 수 있다. 또 다른 '사도 보리수'는 에펠트리히 중앙을 장식한다. 낮고 넓게 뻗은 수관이 24개 지지대로 구성된 이중 받침대로 지탱된다.

'리그눔 사크룸' – 신성한 목재

보리수 목재는 조직이 매우 치밀하고 거의 흰색에 가까운 밝은색이다. 가볍고 부드러워 모양을 잡기 편하고, 보리수 자체만큼 편안함을 준다. 조각상, 판화, 목공예에 이상적인 재료이다. 보리수 목재로 만든 예술품은 거의 모두가 기독교 상징물이고, 이 목재는 '리그눔 사크룸(lignum sacrum, 신성한 목재)'으로 통했다.

보리수 목재는 또한 하프와 피아노 건반에 사용된다.

치료제로 쓰이는 보리수

이런 온화한 나무에서 기대되듯이, 보리수는 질병 완화를 위한 유용한 원료를 공급한다. 껍질, 잎, 꽃, 목재, 뿌리. 뭐 하나 버릴 것이 없는 좋은 친구다. 고대에는 아직 이것이 널리 사용되지 않았다. 치료 효과를 처음 언급한 사람은 대플리니우스와 갈렌이었다. 힐데가르트 폰 빙엔의 시대에는 주로 껍질과 잎이 사용되었는데, 힐데가르트는 눈 정화제로 잎을 눈에 올리라고 권했다. 보리수 꽃에는 향유가 다량 함유되었고 땀을 내는 데 도움이 되기 때문에, 오늘날 자연요법에서 보리수는 입증된 감기 치료제이다.

보리수 목재로 만든, 틸만 리멘슈나이더(Tilmann Riemenschneider)의
걸작: 「용과 싸우는 성 게오르크(Der heilige Georg im Kampf mit dem
Drachen)」. 1490년경.

검은포플라

떠는 것이 아니라 쉼 없이 움직이는 것이다

강을 지키는 전설의 거대한 정령처럼, 검은포플라 한 그루가 작은 섬 기슭에서 불쑥 솟아있다. 멀리서 보면, 높이 솟은 나무가 물에 서 있는지 아니면 그저 위험할 정도로 물 가까이에 있는지 확인이 안 된다. 란 지역의 이 작은 섬에는 림부르크 대성당이 있는데, 성당은 거대한 석회암 절벽 위에 세워졌고, 이 절벽의 절반은 늘 물에 잠겨있다. 검은포플라의 놀랍도록 우람한 몸통은 가슴 높이에서 벌써 눈에 띄게 확연히 셋으로 갈라져 있다. 이 '세쌍둥이'는 서로 다른 방향으로 하늘을 향한다. 처음에는 림부르크 대성당을 향해 똑바로 뻗은 다음, 마치 대성당에 머리를 조아리는 것처럼 점점 허리가 굽는다. 그러나 이렇게 몸을 굽혀 경의를 표하는 대상은 대성당이 아니라 천천히 흐르는 강인 것 같다. 몇몇 과감한 은색 버드나무들도 강으로 몸을 기울여 가지를 늘어뜨려 마치 흐르는 강물을 붙잡아 멈추려는 것 같다. 시간이 우리의 손가락 사이로 빠져나가는 것처럼 강물은 나뭇잎 사이로 흘러간다.

영원한 우울함

독일에서 가장 거대한 검은포플라는 '란' 지역의 아르놀트 섬 기슭에 있다. 이 나무는 영원한 우울함을 발산한다. 물이 쏟아지는 낡은 방죽과 반대편 기슭의 친숙한 물레방아, 대성당, 마을, 이 모든 것은 마치 이 멋진 나무를 위한 적합한 배경이 되기 위해 그 자리에 있는 것 같다. 강가의 활엽수 숲은 잊힌 시대의 유물 같다.

아주 강력해 보이는 검은포플라를 보면, 이 나무가 다른 나무와의 경쟁에서 거의 이기지 못한다는 사실이 믿기지 않는다. 이 나무는 변화무쌍한 강가의 비옥한 토양에 의존한다. 대부분의 다른 나무종은 이런 곳에 자리를 잡지 못한다. 지속적인 홍수의 위협 때문에 다른 나무종은 이런 토양에 감히 발을 들이지 못한다. 기껏해야 몇몇 버드나무 관목들과 은색 버드나무 한 그루 그리고 고전적인 강가 활엽수인 오리나무가 가까운 이웃으로 합류한다. 검은포플라는 살기가 점점 더 어려워진다. 우리의 경작문화에서 자연적인 강가 활엽수가 점점 줄고 있기 때문이다. 강을 메워 경작지로 만드는 바람에 강가 활엽수들이 수장된다. 생존에 불리한 또 다른 단점이 있다. 이 나무는 영양 섬유조직으로 씨를 감싸지 않아, 씨가 오래 버티질 못한다.

또한, 자웅이주에 단성화를 피우는 나무인데, 개체수가 별로 없을 뿐 아니라 있더라도 서로 수킬로미터씩 떨어져 있어, 수분할 파트너를 찾는 것 자체가 점점 더 어려워진다. 암나무들은 최대 2,600만 개에 달하는 엄청난 양의 씨를 생산함으로써 이 모든 어려움을 상쇄하고자 한다.

미지의 여정과 꽃가루의 비밀

검은포플라는 멸종 위기에 있는 나무종 중에서도 위험군에 속한다. 다른 포플라종은 훨씬 더 흔하다. 실버포플라, 이탈리아검은포플라, 유럽사시나무 등 다른 포플라종 대부분은 교배종으로 순전히 재배용 나무이다. 그러나 모두가 갖는 공통점이 있다. 포플라는 빛을 갈구하고 성장이 빠르다. 기대수명은 약 100년이지만, 약 300살까지 사는 나무도 더러 있다. 검은포플라의 몸통 지름은 2미터를 훨씬 넘을 수 있고, 보호를 받으면 30미터 이상 자란다.

확연히 눈에 띄는 길쭉한 잎눈은 초봄에 벌써 벌들을 끌어들일 끈적한 층으로 덮여 있다. 잎이 나기 전 4월에 버들강아지를 닮은 수꽃이 먼저 핀다. 짙은 자주색 수꽃은 최대 8센티미터 길이이고, 나무의 위쪽 3분의 1에, 아직 닫혀 있는 잎눈 옆에 매달려 있어서 눈에 잘 띄지 않는다. 아직 잎이 피지 않은 이때 꽃가루가 바람에 실려 날아가므로, 잎에 방해받을 일이 없다. 여기 나무 위쪽에서 시작되는 꽃가루의 여정은 미지 그 이상이다. 바람이 꽃가루를 올바른 길로 데려가려면 기적에 가까운 요행이 필요하기 때문이다. 암나무에 아주 가까이 날아가는 것만으로는 안 된다. 이 가련한 꽃가루는, 개화기에 약 10센티미터 길이로 불쑥 솟은 연두색 암꽃에 정확히 착륙해야 수분할 수 있다. 다행스럽게도 꽃가루는 정전기로

충전되어, 암나무는 꽃가루를 즉시 인식할 수 있다. 암나무는 재빨리 꽃가루의 정전기에 반응하여 암꽃을 활짝 펼친다.

이 모든 노력에도 불구하고 꽃가루가 수분에 실패할 수

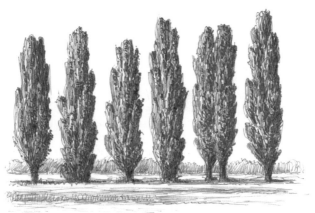
전형적인 가로수: 이탈리아검은포플라

있다. 그러나 그것이 반드시 종말을 뜻하진 않는다. 꽃가루의 크기는 5마이크로미터에서 200마이크로미터까지 매우 다양하다. 바람으로 수분하는 식물의 꽃가루는 대개 가능한 한 멀리 바람에 날아갈 수 있도록 아주 작다.(15~40마이크로미터)

포플라 꽃가루는 치밀한 외피로 감싸져 있고, 이 외피는 두 층이 겹쳐져 있다. 내층은 주로 '셀룰로스'로 구성되어 그다지 단단하거나 견고하지 못하다. 꽃가루가 암꽃의 난세포와 수분할 때, 여기서 꽃가루관이 자란다. 외층은 '스포로폴레닌'으로 구성되어 화학적으로 매우 견고하다. 이런 치밀한 외피의 보호는 아주 효과적이라 꽃가루는 밀폐상태에서 수천 년 동안 거의 손상되지 않은 채 남아있을 수 있다.

검은포플라의 열매는 5~6월이면 익는다. 이때 열매는 가능한 한 빨리 씨를 올바른 토양에 도달시켜(아주 드문 경우이다) 그곳에 뿌리를 내릴 수 있게 하려고 기발한 트릭을 쓴다. 녹색 캡슐 안에 든, 거의 보이지 않을 만큼 아주 작은 견과는 엄마 나무가 마련한 폭신한 포플라솜에 감싸진다. 때가 되면 캡슐이 열리고, 씨는 새하얀 솜옷을 입고 바람을 타고 도시, 시골, 강을 넘어 최대 50킬로미터까지 이동한다. 그러면 포플라가 많은 지역에서는 이 광경이 마치 도로에서 눈발이 날리는 것처럼 보이고, 곳곳에서 이런 자연의 기적을 불평한다.

긴 산책로를 따라
길가에 늘어섰다,
그리고 서 있는 것 말고는 할 일이 없다.
그리고 산책로는 점점 길어진다.

거대한 포플라는
목을 빳빳이 세우고 늘어섰다,
그리고 나뭇잎을 흔드는 것 말고는
뭘 해야 할지 모른다.

끝없이 늘어섰다, 그늘을 만들지 않는다.

그리고 우리의 여행자를 **빼앗는다**.

그리고 오로지 풍경 면에서만 보면

누가 그들을 좋아할 수 있겠나?

—프리드리히 뤼케르트(Friedrich Rückert), 「세 여행자(Die drei Wanderer)」

포플라만큼 양극단인 나무종은 없다. 이탈리아검은포플라, 실버포플라, 유럽사시나무처럼 중부 유럽 전역에서 자생하는 종들도 마찬가지다. 어떤 사람들은 포플라에서 성장력의 기적, 풍부한 수확량, 경제적 의미를 본다. 반대로 어떤 사람들은 걸핏하면 바람에 쓰러지고 부러지는 것에서 큰 위험을 본다. 또한, 이들은 날아다니는 포플라솜을 오로지 성가신 일로만 여긴다.

경제는 오래전부터 포플라솜 원료에 관심을 가졌다. 포플라솜 섬유는 오리털만큼 온기를 잘 보존하면서 동시에 습기를 확실히 더 잘 더 빨리 없앤다. 무게, 단열, 습기억제 면에서 이보다 더 성능이 좋은 천연 및 합성섬유는 없다. 검은포플라 한 그루에서 약 200킬로그램의 씨를 감싸고 있는 약 10킬로그램의 포플라솜을 수확할 수 있다. 이 정도 양이면 이불 25채를 만들고도 남는다. 현재 독일, 오스트리아, 스위스의 몇몇 기업이 포플라 침구를 생산한다. 포플라솜 덕분에 잔인한 '털 뽑기'가 필요 없으니, 수백만 거위들이 안도의 숨을 내쉰다.

포플라는 버드나무과 나무답게, 버드나무 못지않은 그루

터기 번식 능력을 유감없이 발휘한다. 검은포플라는 뜨거운 날이 계속되고 가뭄이 길어지면 잔가지를 스스로 버린다. 이 가지는 흐르는 물을 타고 이동하여 어딘가 다른 곳에 도달하고 그곳에서 새로운 삶을 시작한다. 그럼에도, 뿌리를 통한 확산이 더 성공적으로 보인다. 뿌리가 얕은 이 나무는 뿌리 가닥을 최대 35미터까지 넓게 뻗는다. 엄마 뿌리에서 나온 새싹은 나올 때 이미 엄마 나무의 그늘이 아니라, 빛이 곧장 내리쬐는 세상 한복판에 있게 된다. 포플라의 뿌리는 그 자체로 기적이다. 폭우나 범람 혹은 화재가 땅 위의 줄기와 가지 전체를 모조리 죽이더라도, 땅속의 뿌리 다발은 살아남아 긴 시간이 흐른 뒤에 새로운 나무를 다시 키워낸다. 그렇게 포플라는 수천 년을 살 수 있다. 세계에서 가장 나이가 많은 나무는 미국 유타주 해발 2,000미터에 있다. 약 47,000그루의 유럽사시나무가 형성하는 뿌리 다발은 40헥타르에 이르고, '뿌리 부화'를 통해 계속해서 생을 이어간다. 이것을 '판도(Pando)'라고 부르는데, 무게가 대략 6,000톤 이상이고 나이는 약 80,000살로 추정된다.

검은포플라의 껍질은 어릴 때 밝은 회색에 표면이 매끄럽고, 나이가 들수록 점점 색이 짙어지고 고랑이 깊게 파여 검은포플라의 전형적인 모습을 띤다. 때때로 웃자란 가지와 옹이가 생기고, 몸통에 난 둥글고 큰 이런 혹들이 눈에 띄게 커져 기괴하고 울퉁불퉁한 형태가 강조된다. 넓게 퍼진 수관은 제멋대로이고, 거의 형태가 없으며, 나무 높이 만큼 넓어질 수 있다.

검은포플라의 잎은 아주 신기하다. 서로 완전히 다르게 생겼다. 긴 싹 혹은 짧은 싹에서 자라느냐에 따라 세모에서 마름모 혹은 끝이 뾰족한 달걀 모양까지 아주 다양하다. 윗면 아랫면 모두 초록색이고, 솜털이 없으며, 잎 둘레는 톱니 모양이다. 잎자루는 최대 8센티미터 길이이고, 잎은 최대 5~10센티미터까지 자랄 수 있다. 모든 포플라종, 특히 유럽사시나무의 잎은 비좁은 폭으로 타원형을 그리듯 바들바들 떠는데, 일반적으로 이런 신기한 움직임이 긴 잎자루 덕분이라고 여긴다. 그러나 이것은 그저 절반의 진실이다. 또한, 유럽사시나무만이 예수의 십자가에 몸을 굽히지 않았다. 그래서 지금도 여전히 몸을 바들바들 떤다는 전설도 사실과 전혀 무관하다. 사실 포플라 잎은 모든 방향으로 유연하게 움직여 상하 전후좌우로 펄럭일 수 있다! 포플라 외에 자작나무와 단풍나무 정도가 이런 기술을 가졌지만, 포플라와 비교하면 움직임의 범위가 훨씬 좁다. 그래서 때때로 바람이 전혀 불지 않는 것 같을 때도, 포플라 잎들이 격렬하게 움직이는 것처럼 보인다. 이 나뭇잎

실버포플라와 특히 검은포플라가 고대 그리스에 널리 퍼져있었다. 물에 가까이 있어서 요정들이 가장 사랑하는 나무이다. 그래서 요정들이 이 나무의 그늘에서 즐겨 축제를 연다고 믿었다. 게르만 풍습에 포플라가 등장하지 않는 걸 보면. 이때는 아직 이 나무가 알프스 북쪽까지 알려지지 않았던 것 같다.

들은 그렇게 열심히 움직여서 무슨 이익을 얻을까? 잎이 모든 방향으로 계속해서 움직이기 때문에 잎 표면의 증발이 약 네 배 증가한다. 그래서 나무의 내부 흡수력이 올라가고 이것이 땅에서 물을 끌어 올리는 힘을 높인다. 포플라는 그렇게 영양분을 더 많이 얻을 뿐 아니라, 펄럭이는 잎들 사이로 뚫고 들어오는 빛을 더 많이 얻는다. 덕분에 그들은 엄청난 성장력을 자랑한다.

이름이 말해준다

검은포플라는 어른 포플라의 껍질 색깔에 맞춰 붙여진 이름이다. 껍질 색깔이 거의 불에 탄 것처럼 까맣다. 실버포플라는 나뭇잎의 아랫면 색깔에서 비롯되었다. 유럽사시나무는 따로 설명이 필요 없을 것 같다[유럽사시나무의 독일어 이름

은 '치터파펠(Zitterpappel)'이고, 이것은 '떠는 포플라'라는 뜻이다.-옮긴이]. 고대 독일어로는 '아스파(aspa)'였고, 힐데가르트 폰 빙엔 역시 이 이름을 사용했다. 오늘날 여전히 사용하는 이름인 '에스페(Espe, 사시나무)'가 여기서 유래했다. 지금도 "사시나무 떨듯이 떤다."는 표현이 많이 사용된다.

반면, 기둥처럼 하늘로 우뚝 솟은 이탈리아검은포플라는, 잎이 다 떨어진 커다란 두송나무처럼 보인다. 나폴레옹이 멀리서도 쉽게 길을 찾고 방향을 잡을 수 있기 위해 진군하는 도로에 이 나무를 가로수로 심게 한 후부터 비로소 독일에서 존재를 인정받게 되었다.

'포플라'의 어원은 라틴어 '포풀루스(populus)'인데, '민중'이라는 뜻이다. 로마인들은 포플라 나뭇잎이 민중처럼 계속 움직인다는 뜻에서 이런 이름을 붙였다.

검은포플라는 유럽 전역에 있지만 따뜻한 지역에서 확실히 더 편안해한다. 비록 서리에 아주 강하더라도, 포플라는 빛과 온기가 아주 많이 필요하기 때문이다. 이 나무는 물 가까이 살아야 하고 짧은 범람을 정말로 좋아한다. 그러나 정체된 물은 포플라에게 끔찍한 환경이다. 그래서 이런 토양은 오리나무와 흰버들에게 기꺼이 양보한다.

포플라 연고 – 피부와 영혼을 위한 향유

의학사적으로 포플라는 가장 중요한 식물에 속한다. 이미 2500년 전에 그리스 의사 히포크라테스가 포플라 즙을 눈병에 바르는 약으로 추천했다. 또한, 서기 1세기에 그리스 의사 디오스코리데스의 『약물지』에서도 여러 번 언급되었다. 예를 들어 포플라 즙은 귀가 아플 때 쓰는 입증된 약이었다.

한편, 그리스 의사 갈렌은 포플라 잎눈으로 만든 연고를 염증에 처방했다. 힐데가르트 폰 빙엔은 자신의 책에, 포플라 껍질로 만든 연고가 피부병 완화에 효과가 있다고 적었다. 민간요법에서는 열을 내리는 데 포플라를 이용했다. 포플라 껍질에는 실제로 진통 효과가 있는 살리신 성분이 들어있다. 수백 년 동안 사람들은 포플라 잎눈으로 만든 이른바 '포플라 연고'의 진정 효과와 진통 효과를 이용했다. 이 연고의 내용 물질은 염증을 완화하고, 상처를 치유하고, 붓기를 없애며, 피부도 재생한다.

자연요법에서 포플라 연고는 지금도 여전히 피부염증과 치질에 사용되고, 검은포플라 추출액은 아토피와 건선 치료제로 쓰인다.

나무신에서 어망까지

포플라는 지금도 나무신 산업에서 중요한 자리를 차지한다. 포플라 뿌리로 바구니를 만들었고, 검은포플라의 속껍질로 어망을 만들었다. 포플라에는 셀룰로스(섬유소)가 아주 많아 종이생산에 이상적이다. 부드러운 포플라 목재는 가공성이 좋고, 르네상스 화가들은 이 목재에 그림 그리기를 선호했다. 유럽사시나무 목재에 그려진 모나리자가 우리에게 잊을 수 없는 미소를 보낸다.

우리는 여전히 성냥개비에서 포플라를 만난다. 이 목재의 천천히 타는 특징을 활용하여 성냥을 만든 것이다. 또한, 포플라는 성장이 매우 빠르다. 그래서 현대식 난방시설에 쓰이는 펠릿 연료를 생산하기 위해 대농장에서 대량으로 재배된

다. 에너지산림과 농장형 단기산림은 숲이 아니라 농업 경작지로 간주된다. 적어도 3년, 늦어도 10년 뒤에 나무들을 수확한다. 그리고 다시 묘목이 자란다.

• 마로니에

• 아까시나무

• 서비스트리

• 흰전나무

• 두송나무

• 버드나무

• 호두나무

4장

이보다 더 아름다울 수 없다

아까시나무

햇살 속에 내리는 은비

앙리 3세, 앙리 4세, 루이13세의 궁전 정원사 장 로빈(Jean Robin, 1550-1629)은 16세기 당시에 북아메리카에서만 자라는 어떤 나무의 아름다움에 너무나 매료되어 그 나무를 유럽으로 가져와 프랑스 궁전 정원에 심었다. 약학자이자 식물학자인 장 로빈 덕분에, 파리에서 가장 오래된 나무 두 그루가 생겼다. 하나는 세계적으로 유명한 '파리 식물원(Jardin des Plantes)'에, 더 강력한 다른 하나는 노트르담성당 근처의 역사적 건축물 '생 줄리앙 르 포브르 성당' 바로 앞의 '르네 비비아니 광장'에 늠름하게 서 있다. 장 로빈은 이 나무를, 자신이 나중에 모시게 될 프랑스 왕 루이 13세가 태어난 해인 1601년에 이곳에 심었다.

팔츠선제후국의 국가경제부 장관 메디쿠스(F.C. Medicus)가 1796년에 이미 자신의 책 『가짜 아카시아나무(Unächter Acacien-Baum)』에서, 아까시나무를 전역에 심으라고 권고했다.

장 로빈이 살아있는 동안에 이 나무의 이름이 이미 '로비니에(Robinie)'였던 것은 당연히 아니다. 장 로빈은 당시 이 나무를 아카시아종으로 착각했고, 이런 착각이 이 나무를 계속 따라다녔으므로, 이 나무의 이름은 '가짜 아카시아'라고 지어졌다. 한참 뒤에 식물학의 명명법을 체계화하고 오늘날 널리 사용되는 학명을 고안한 칼 폰 린네(Carl von Linné)는, 이 나무를 최초로 유럽에 가져온 장 로빈을 기려 학명에 '로비니아(Robinia)'를 넣었지만, 뒤이어 '가짜 아카시아'라는 뜻으로 '프소이도아카시아(pseudoacacia)'를 덧붙였다. 아까시나무는 아카시아와 놀랍도록 닮았고, 어차피 둘 다 하위 파생식물이 아주 많은 콩목, 콩과에 속한다. 그러나 진짜 아카시아는 추운 비바람보다 사막의 폭우를 더 선호하는 나무로, 알프스 북쪽 지역에서는 돌봄 없이 홀로 살아남지 못할 것이다.

아까시나무는 지난 몇 세기 동안 새로운 고향에 뿌리를 내렸고 재배되었다. 목재의 유용성 덕분에 전 세계적으로 가장 흔히 재배되는 나무종이 되었다.

오늘날에도 아까시나무는 환경 오염물질과 배기가스에 상대적으로 저항성이 높아, 공원과 도심에 흔히 심어지고, 생장기에는 수많은 도로와 거리의 천편일률적인 회색을 잠시나마 녹색으로 물들인다.

지구화의 선구자

　그러나 자연에서도 아까시나무는 자신의 존재감을 드러낸다. 아까시나무는 이른바 수입된 '외래종'으로 독일 토종 식물이 아니지만 다른 나무종을 밀어내고 그 자리를 차지하는 생존력이 있다. 아까시나무는 '침략적'이고, 일단, 이 나무가 자리를 잡으면 더는 쫓아낼 수가 없다. 이런 특징 때문에 아까시나무는 논란이 아주 많은 나무종이다. 그렇더라도 아까시나무는 높이 자라 그늘을 만드는 나무를 이길 수 없다. 그래서 독일 숲에서 아까시나무가 차지하는 비율은 겨우 0.1퍼센트, 오스트리아에서는 0.2퍼센트에 불과하다. 아까시나무는 자신의 고향을 넘어 멀리 확산하는 데 탁월한 능력을 보인다. 아까시나무는 중부 유럽과 남부 유럽에서 편하게 자라고, 오스트레일리아, 뉴질랜드, 남아메리카, 북아메리카, 아시아 전역에서도 잘 지낸다. 아까시나무는 지구화의 진정한 선구자이다.

　헤르만 헤세는 말년에 자신의 정원만 잠깐씩 산책했다. 가지가 썩은 늙은 아까시나무 곁에서 그는 언제나 잠깐씩 쉬었고, 썩은 가지를 흔들어보며 그것이 아직 나무에 붙어있는 것에 안도했다. 죽음이 임박한 헤세에게 이 나뭇가지는 자신을 상징했다. 그는 다음과 같은 마지막 시를 남겼다.

부러진 나뭇가지의 삐걱대는 소리

쪼개지듯 부러진 나뭇가지,
벌써 몇 년째 매달려,
메마른 겨울 노래를 삐걱대고
잎도 없이, 껍질도 없이,
벌거벗고, 창백하게, 너무 긴 삶,
너무 긴 죽음에 피곤하다.
노래는 거칠고 질기게
고집스럽게 조용히 울린다.
한 해 여름을 더,
한 해 겨울을 더.

헤세는 아무 말 없이 이 시를 아내 니논의 침대 협탁에 놓았다. 저녁에 이 시를 발견한 아내는 서둘러 남편에게 가서 말했다. "당신의 시 중에서 가장 아름다워요!" 다음 날 아침에 니논은 헤르만 헤세가 그의 방에서 죽어 있는 것을 발견했다.

특이한 껍질

아까시나무는 최대 25미터까지 자랄 수 있고, 다양한 모습의 수관을 맘껏 펼칠 수 있는 자유를 사랑한다. 어떨 땐 거의 보리수처럼 넓게 퍼지고, 어떨 땐 자작나무처럼 경쾌하고, 어떨 땐 심지어 물푸레나무의 반짝이는 빛의 향연을 연상시킨다. 잎자루 하나에 최대 15개의 잎사귀가 깃털 모양으로 달려 조화로운 타원형을 이룬다. 개별 잎사귀의 둘레는 물푸레나무처럼 톱니도 뾰족함도 없이 매끄럽고, 대부분의 아카시아종처럼 폭이 좁지도 않다. 깃털 잎의 잎자루에서 발견되는 가시에서 아까시나무를 식별할 수 있다. 늙은 아까시나무는 껍질이 밝은 회색에 고랑이 깊이 생겨서 검은포플라와 혼동하기 쉽다. 아까시나무는 땅속 깊이 파고드는 뿌리 덕분에 토양 보호 차원에서 즐겨 심긴다. 아까시나무는 모래 토양에서 최대 3미터까지 깊이 뿌리를 내려 자신과 주변에 단단한 토대와 발판을 제공한다.

햇살 속에 내리는 은비

아까시나무는 5~6월 개화기가 되면 얌전함을 모두 버리고 숨 막히는 아름다움으로 변신한다. 나비 모양의 꽃잎은 맑은 은처럼 새하얗게 빛나고, 꽃 바닥은 은은한 노란 빛을 낸다. 화창한 초여름 아침 첫 햇살이 이슬을 비추면 꽃들은 수정처럼 반짝인다. 꽃들이 작은 폭포처럼 어린 가지에서 쏟아져 내리고, 최대 30송이가 뭉쳐진 꽃 무더기에서 베르가모트의 진한 향이 소용돌이친다. 나무 전체를 뒤덮은 이 은비는 신선한 아침에 달콤한 꿀을 넉넉히 내어주고, 부지런한 꿀벌이 윙윙거리며 기쁘게 가져간다.

아까시나무는 자웅동주이고 양성화이므로 당연히 곤충이 수분을 담당한다. 곤충이 꽃에 앉으면 불쑥 올라온 끈적한 암술이 곤충의 배에 닿고, 암술머리의 흉터에 곤충이 가져온 꽃가루가 붙는다. 수분의 기적이 놀랍도록 우아하게 완성된다. 세상의 눈에 보이지 않게 은밀하게 생명이 계속 탄생한다.

몇 주 후, 8~9월에 열매가 달린다. 때로는 붉고 때로는 초록인 암갈색 깍지 안에 갈색 씨가 들어있다. 날씨에 따라 이듬해 봄에야 비로소 열리기도 하지만, 깍지가 천천히 열리고 작은 씨를 내보낸다. 바람이 그것을 엄마 나무 주변에 퍼트리고, 새들이 수킬로미터 멀리 옮긴다.

용도가 다양하고 날씨에 강하다

씨를 품은 깍지의 길쭉한 모양과 짙은 색상이 북아메리카 고향에서 이름을 지을 때 영감을 주었다. 영어로 아까시나무는 '블랙 로커스트(black locust)'이고 이것은 '검은 메뚜기'라는 뜻이다. 나무의 아름다움으로 볼 때 받아들이기 힘든 이름이다.

블랙 로커스트. 이 이름은 성경에서 비롯되었다. 마르코복음 1장 6절에 따르면, 세례자 요한은 야생에서 메뚜기와 들꿀을 먹으며 살았다.

"요한은 낙타털 옷을 입고 허리에 가죽띠를 두르고 메뚜기와 들꿀을 먹으며 살았다."

몇몇 예수회 선교사들에게 메뚜기를 씹어먹는 요한의 모습이 맘에 들지 않았다. 그래서 그들은 이야기를 재빨리 고쳐 쓰고, 요한이 먹은 것은 사실 모양과 색깔이 메뚜기를 닮은 아까시나무 열매였다고 주장했다. 곧바로 아까시나무에게 이 이름이 부여되었고, 오늘날까지 이 이름을 받아들일 수밖에 없었다. 물론, 당시 시리아에는 아까시나무가 한 그루도 없었고, 세례자 요한이 정말로 메뚜기를 먹지 않았으며, 번역이나 해석의 오류가 있었다면, '요한의 빵나무'라 불리는 '케럽나무'를 떠올리는 것이 아마 더 빠른 방법이었을 터이다.

아까시나무 목재는 사용처를 모두 나열하기 어려울 만큼 다양하게 사용될 수 있다. 예를 들어 울타리 기둥 혹은 포도, 토마토, 홉 같은 작물을 지지하는 기둥으로 사용되었고 지금도 사용된다. 내구성과 강도 면에서 참나무 목재에 거의 뒤지지 않고, 물레방아와 교량 건설, 땅과 물 위에 건물을 지을 때도 사용된다. 그것은 매우 유연하고 탄력적인데, 이런 특징은 광산업에서 특히 중요했다. 부러지기 전에 목재가 휘어 광부들에게 위험을 미리 경고하기 때문이다. 이런 유연성 덕분에 아까시나무는 또한 활 제작에서 유럽주목을 대신하기도 했다. 이외에도 선박 건축에서 징, 판자벽, 키 손잡이 생산에 널리 활용되었다. 오늘날에도 최고의 이탈리아 브랜디는 종종 아까시나무 목재로 만든 나무통에서 숙성된다. 특히 독일에서는 아까시나무 목재가 자연 친화적 놀이터의 놀이기구를 만드는 데 사용되고, 또한 야외에 두는 탁자, 벤치, 정원용 가구 제작에도 쓰인다.

아까시나무 목재는 옥외시설을 위한 목재 중에서 가장 튼튼하고 비바람도 잘 견딘다.

진짜 꿀과 가짜 꿀

　이름을 둘러싼 혼란은, 아까시나무가 중대한 역할을 하는 양봉업에서도 해결되지 않는다. 아까시나무는 양봉에서 사랑받는 중요한 꿀벌 목장이다. 아까시나무의 꿀은 착각으로 인해 '아카시아 꿀'이라 불린다. 정말로 아카시아 꿀을 원하는 사람은 '진짜 아카시아 꿀'이라는 추가 설명을 확인해야 한다. 그러나 그것은 매우 드물고, 오로지 아프리카 혹은 라틴아메리카에서만 나온다.

　그렇더라도 '아까시나무 꿀' 병을 여는 즉시 아까시나무 숲의 풍부한 향이 아침 식탁을 덮고, 밝은 황금색 꿀이 빵 위에 발리면 신선한 봄날 아침이 즐거움으로 가득하다.

마로니에
이보다 더 아름다울 수가 없다

예기치 않은 소나기를 만나, 숲속 마로니에의 넓은 나뭇잎 지붕 아래로 뛰어들어 비를 피한 적이 있었다. 세찬 여름 소나기에 순식간에 작은 물고랑이 땅에 만들어졌음에도, 나는 놀랍게도 비를 한 방울도 맞지 않았다. 시원한 바람이 이내 먹구름을 몰아냈고, 나는 가던 길을 서둘러야 했다. 날이 저물기 시작했고 어둡기 전에 집에 도착하고 싶었기 때문이다. 그러나 나는 이 신기한 경험을 잊지 않았다.

몇 년 뒤에 이 마로니에를 다시 찾았다. 5월 말이었고, 태양은 온화했던 하루와 작별하며 붉은 노을로 나와 세상을 감쌌다. 나는 마로니에 앞에 서서 그날의 소나기를 생각했고, 마법 같은 지금의 붉은 노을을 깊이 들이마셨다. 헤르만 헤세가 노래한 '마로니에에 부는 바람'은 자작나무에서처럼 가지를 쓰다듬지 않고, 참나무에서처럼 힘을 겨루지 않으며, 소나무에서처럼 순종하지 않는다. 어떨 땐 바람이 느닷없이 불어오고, 마로니에는 반가움에 커다란 손가락 잎을 활짝 펴고 신나서 장난을 친다. 어떨 땐 바람이 마로니에를 애무하듯 쓰다듬으며 차분하게 잠재우면 나무는 행복하게 기지개를 켠다.

지난 몇 주 동안 '나의 마로니에'는 신랑을 기다리는 신부처럼 다가오는 밤을 준비했고, 나뭇잎 드레스를 말끔하게 손질했으며, 가장 아름다운 상아색 꽃눈으로 치장했다. 이제 '나의 마로니에'는 기쁨에 설레며 가장 아름다운 드레스를 입고 거기에 서 있다.

나는 마로니에 곁에 앉았고, 벅찬 기대로 여름을 기다리는 바람이 마로니에와 나를 어루만졌다. 커다란 잎들이 부드러운 진동을 흡수하여 촛불 같은 풍성한 꽃들을 춤추게 했다. 나의 행복한 마로니에는, 비록 내가 느끼기에 같이 춤추기를 온몸으로 간절히 원하더라도, 꽃들과 함께 춤추지 못하는 걸 슬퍼하지 않았다.

그사이 달빛이 나무를 비추고, 내민 나뭇잎 손바닥에 진주를 달고, 풍성한 꽃 초들을 부드럽게 엮어, 동화에 나오는 우아한 은빛 웨딩드레스를 완성했다. 나는 증인이 되어 마로니에와 바람의 결혼식을 조용히 지켜본다. 나무는 바람에 자신을 내어주고, 오늘밤 요정이 태어날 것을 안다.

이보다 더 아름다울 수가 없다.

눈에 띄는 나뭇잎 손가락

마로니에는 아주 독특한 매혹적인 아름다움을 가졌다. 그래서 이 나무를 모르는 사람은 아마 없을 것이다. 깃털 같은 잎은 손가락이 다섯 혹은 일곱 개인 커다란 손을 닮았다. 손가락이 크기 순서로 손바닥 주변에 둥글게 배열되었다. 타원형의 가운데 손가락은 최대 25센티미터 길이이고 약 10센티미터 너비로 자라며, 잎 둘레에는 이중 톱니가 있다. 바깥 손가락들은 확실히 더 작아서, 매우 인상적이고 명확한 실루엣을 만든다. 겨울에 벌써 잎눈이 눈에 띈다. 잎눈은 최대 3센티미터까지 자라고 절반 정도가 매우 두껍고 끈적거린다.

몸통의 회색 껍질은 균열이 살짝 있고, 비늘 모양으로 갈라졌으며, 생채기가 난 뒤에 아물면 위로 젖혀진 입술 모양이 된다. 우람한 몸통은 지름이 1미터 이상에 도달할 수 있고, 종종 눈에 띄게 비틀리며, 30미터 이상 자랄 수 있는 나무치고는 몸통의 길이가 비교적 짧다. 홀로 선 이른바 '나홀로 나무'로서 마로니에는, 우람한 형태와 넓은 수관 그리고 특이한 잎 모양 덕분에 혼동의 여지가 없다. 마로니에는 얕고 넓게 뻗는 뿌리를 가졌고 300살까지 살 수 있다.

아름다운 열매, 그러나 먹을 수 없다

4~5월에 잎이 나올 때, 꽃대도 거의 같은 시기에 햇살을 갈망하며 가지 맨 끝에서 빼꼼히 모습을 드러낸다. 자웅동주이므로 암수 구별이 따로 없다. 암술과 수술이 같은 꽃에 있는 양성화이다. 최대 100개에 달하는 꽃송이가 약 20센티미터

헝가리 부다페스트 서쪽에 중부 유럽의 유일한 순수 마로니에 숲이 있지만, 그 숲 역시 약 20헥타르로 아주 작다.

높이의 꽃대 하나에 고깔 모양으로 배열되어 이른바 원뿔형 꽃차례를 이룬다. 꽃 한 송이를 개별로 보면, 바깥 꽃잎 다섯 장은 새하얗고, 아직 수분이 되기 전이면 바닥이 황갈색이다. 호기심 많은 암술과 마찬가지로 최대 일곱 개의 수술이 굶주린 곤충을 향해 솟아있다. 마로니에는 여느 활엽수보다 꽃가루를 더 많이 가졌다. 수술 하나당 2만에서 3만 개. 얼추 계산했을 때, 마로니에 한 그루에는 지구 전체 인구보다 더 많은 꽃가루가 있다!

곤충에 의해 수분이 완료되면, 꽃은 황갈색 바닥을 연분홍으로 바꿔 이것을 알린다. 이때 꽃을 살짝 건드리면, 꽃잎이 낱개로 우수수 떨어지고 나무 주위에는 한때 너무나 아름다웠던 장식이 흩어져있다.

물론 마로니에는 '밤'이라 불리는 열매로 가장 잘 알려졌다.

마로니에 열매는 가시 갑옷을 입고 있다가 가을에 익으면 그냥 나무에서 떨어진다. 땅에 떨어지는 충격으로 가시 갑옷이 찢어지고, 윤기가 흐르는 예쁜 밤이 밖으로 나온다. 갑옷이 찢어지지 않은 채 땅에 떨어져 있더라도, 주변에는 틀림없이 다람쥐, 쥐 혹은 멧돼지가 있고, 그들은 까다로운 가시 껍질 벗기기를 능숙하게 해낼 것이다. 이런 동물들에게 먹히지 않은 열매는 이듬해 봄에 싹을 틔우고 존재의 목적을 이룰 기회를 얻는다. 다시 말해 그들은 이듬해 봄에 기껏해야 인상적인 잎사귀

한두 개가 달리는 작은 풀 혹은 묘목이 된다. 중력에 의한 이런 방식의 확산으로, 가족처럼 가까이 모여있는 작은 부대, 마로니에 소그룹이 형성된다. 어차피 그들은 글자 그대로 한 엄마나무에서 나온 가족이다.

마로니에의 열매는 '밤'이라 불리지만 사람이 먹을 수 없고, 먹을 수 있는 진짜 밤과 혼동해선 안 된다. 마로니에와 밤나무는 가까운 친척조차 아니다. 마로니에는 무환자나무과에 속하고, 밤나무는 참나무과에 속한다.

대규모로 모여 살지 않는다

마지막 빙하시대 이전에는 중부 유럽에 서식하는 식물의 다양성이 훨씬 컸다. 마로니에 역시 빙하시대에 알프스를 넘어 멀리 그리스 북부, 발칸 반도, 터키로 물러났었다. 16세기 후반에 비로소 황제 정원사 샤를 드 레클루즈(Charles de l'Écluse)에 의해 다시 빈에 심어졌다. 레클루즈는 유럽 전역의 동료에게 마로니에 씨를 보냈고, 그렇게 마로니에는 다시 그들의 원래 자리를 찾았다. 마로니에는 그 후 수십 년 넘게 황제의 정원수와 가로수로서 인기를 누렸다.

비어가든의 오만한 햇살

실제로 마로니에는 마치 감탄의 시선을 즐기는 것처럼, 특히 눈에 띄는 장소에서 잘 자란다. 마로니에는 당연히 독일 남부에서 지금도 특히 수많은 비어가든을 장식한다. 양조장은 여름에 강력한 나무 그늘로 맥주 저장고를 시원하게 식히기 위해

주로 마로니에를 심었다. 두툼한 줄기를 자랑하는 울퉁불퉁 옹이지고 뒤틀린 거대한 베테랑 나무들이 비어가든에 독특한 분위기를 만든다. 오늘날 마로니에는 맥주 저장고보다는 오히려 마로니에 그늘을 아주 좋아하는 맥주 소비자들에게 시원함을 제공한다. 또한, 마로니에는 예기치 못한 소나기를 피할 수 있는 피신처로서 비어가든에서 아주 소중한 나무이다.

자연요법에서 요긴하게 쓰인다

'마로니에'의 독일어 이름인 '로스카스타니에(Rosskastanie, 말밤나무)'의 기원은 그 열매를 동물 먹이로 사용한 데서 비롯되었음이 명확하다. 이렇듯 마로니에는 유용한 식량나무였고, 식용 밤나무와 똑같이 고대 그리스의 산 중턱에서 자랐다. 이 시기의 어떤 기록에도 마로니에가 언급되지 않은 것은 매우 기이하다. 신화도 없고, 치료제로 사용된 기록도 없으며, 독일 풍습에 남은 전설들만 더러 있을 뿐이다. 민간요법에서 마로니에는 중요한 구실을 한다. 마로니에의 학명인 '에스쿨루스 히포카스타눔(Aesculus hippocastanum)'이 벌써 그것을 아주 명확하게 보여준다. 마로니에에 함유된 효능물질인 '에스쿨린(Aesculin)'은 그리스 신화에서 의학과 치료의 신인 '아스클레피오스(Aesculapius)'에서 유래했다. 뱀이 휘감고 있는 아스클레피오스의 지팡이는 오늘날에도 제약과 의료의 상징이다. 마로니에는 2008년에 심지어 뷔르츠부르크대학의 '약용식물학 발달사 연구진'에 의해 올해의 약용식물로 선정되었다. 중부 유럽에 재진입한 이후로 마로니에는 정맥질환, 정맥류, 다리 궤양, 치질, 종아리 경련 등을 치료하는 데 사용되었다.

반면 마로니에 목재는 단단하지 못하고, 내구성과 강도 역시 약해 사용하기가 어렵다. 매우 균일하고 색상이 밝아서, 주로 주방용품과 주방가구 제작에 사용되었을 뿐만 아니라, 각종 손잡이, 단추, 상자를 만드는 데도 사용되었다. 그러나 목재 산업 면에서는 그다지 주목받지 못했다.

커다란 잎들이 부드러운 진동을 흡수하여 촛불 같은 풍
성한 꽃들을 춤추게 했다. 나의 행복한 마로니에는, 비록
내가 느끼기에 같이 춤추기를 온몸으로 간절히 원하더라
도, 꽃들과 함께 춤추지 못하는 걸 슬퍼하지 않았다.

서비스트리

창조에 대한 깊은 신뢰감

포근한 봄바람이, 만개하는 서비스트리를 스치며 쌉싸름한 향을 세상에 뿌리면, 꿀벌, 나비, 꽃등에들이 몰려와 풍성한 진수성찬을 누린다. 감수성이 충만한 사람들도 그 곁에서 달콤한 휴식과 깊은 평온을 누린다. 창조에 대한 깊은 신뢰감, 근원적 신뢰감이 조용히 솟는다.

들판과 초원에서 자유롭게 자라면, 금세 수많은 가지가 줄기에서 갈라져 하늘로 뻗기 때문에 서비스트리의 몸통은 아주 짧고 강하다. 초기의 피라미드 모양 수관은 나이가 들면서 아주 넓게 퍼진다. 서비스트리는 10~20미터까지, 예외적으로 심지어 거의 30미터까지 자라고 400살까지 살 수 있다.

크게 자란 서비스트리는 멀리서 보면 하늘에 닿을 듯한 물푸레나무를 닮았고, 깃털 잎들이 화창한 여름날에 햇살을 받아 반짝이면, 더욱 물푸레나무처럼 보인다. 가까이에서 보면, 당연히 금세 확연한 차이가 눈에 들어온다. 서비스트리의 껍질은 어린 참나무의 껍질처럼 거칠고 고랑이 깊고, 꽃은 벚꽃처럼 새하얗지만, 꽃차례는 딱총나무처럼 원뿔 모양이다. 그리고 열매는 꼬마 배처럼 보이는데, 햇볕이 잘 드는 쪽은

촉촉한 붉은 색을 띠어, 한 입 베어 물고 싶게 만든다. 정말로 한 입 베어 문다면, 크게 후회하게 된다. 너무나 떫고 시기 때문이다. 그리고 즉시 이름의 뜻을 오해하게 된다.[서비스트리의 독일어 이름은 '슈파이어링(Speierling)'인데, 열매가 너무 써서 즉시 뱉어낸다는(speien: 뱉어내다) 데서 유래했다고 믿지만, 잘못된 추측이다.-옮긴이]]

서비스트리는 유럽마가목의 사촌답게 똑같이 깃털 모양의 나뭇잎 드레스가 특징이다. 푸르른 여름 활엽수의 깃털 나뭇잎들은 20센티미터 이상으로 자라고, 짝이 없는 긴 잎사귀 하나가 깃털의 끝을 장식한다. 최대 5센티미터 길이의 개별 잎사귀는 물푸레나무 잎보다 길고 끝부분에 톱니가 있다. 잎은 아주 이른 봄에 나는데, 너도밤나무와 마찬가지로, 어린나무의 잎이 어른나무보다 더 일찍 난다. 서비스트리는 자웅동주이고 양성화이다. 5월에 개화기가 시작되고, 깃털 모양으로 뻗은 가지들에서 수천 개의 하얀 꽃들이 피어난다. 한 꽃대에 최대 70송이가 우산 모양으로 모여 있다. 꽃 한 송이의 지름은 약 1.5센티미터이고, 꽃잎 다섯 장 안에 수많은 수술이 뒤죽박죽으로 불쑥 솟아 굶주린 곤충들을 유혹한다.

열매는 여름을 지나 9~10월까지 자라고, 완전히 익어야 비로소 맛있게 먹을 수 있다. 열매가 수확되지 않거나 새에게 쪼아 먹히지 않으면, 초콜릿색에 가까운 갈색으로 변하여 땅에 떨어진다. 그때까지 쌓인 단맛 덕분에 이 열매는 야생동물의 먹이로 사랑받는다. 야생동물이 열매 안의 씨를 멀리 옮겨주고 이 나무의 확산을 돕는다. 발아한 씨는 햇볕을 많이 필요로 하고 아주 천천히 자라며 게다가 야생 초식동물의 식단 첫 줄에 있다. 무방비 상태의 싹을 특별히 보호하고 넉넉한 햇볕을 받도록 계속해서 잘라주지 않으면, 이런 방식의 확산(씨를 통한 확산)은 실패로 끝나고 만다. 그래서 야생에서 자라는 서비스트리는 거의 오로지 '뿌리 번식(무성생식)'으로 확산한다. 지표면에 가까이 있는 뿌리에서 새로운 싹이 나고 그것이 새로운 나무로 자란다.

운이 아주 좋아야 숲에서 만날 수 있다

서비스트리는, 종이 풍부하고 다양한 장미과 식물 중에서 가장 큰 나무다. 우리에게 가장 중요한 과일나무 종들도 장미과에 속한다. 실제로 마가목속만 해도 전 세계적으로 약 100개의 다양한 종이 있다. 따뜻한 여름에 오로지 양분이 풍부한 점토 토양의 페트라참나무 혼합림에서 서비스트리를 만날 수 있는데, 그것도 아주 운이 좋아야 한다. 수많은 뿌리 가닥들이 특히 강하고 깊이 파고드는 심장형 뿌리를 형성하여, 뿌리 내리기 어려운 토양에서도 나무를 든든하게 지탱한다. 서비스트리는 스페인 동부, 프랑스 전역, 지중해에서 자생한다.

서비스트리는 오늘날 희귀한 나무가 되었다. 비록 2300년 넘게 인류의 문화사와 가까이 동행했더라도 전문가들조차 거의 식별하지 못하고, 종종 참나무로 오인되어 겨울에 베어지기도 한다.

중세시대 수도원 정원의 보석

서비스트리는 그리스 정원에 이미 심어져서 세심하게 관리되고 가꿔졌었다. 아리스토텔레스의 제자이자 후계자인 그리스 철학자 테오프라스토스(기원전 371-285)가 처음으로 서비스트리를 언급했다. 산림학의 선구자인 그는 자신의 책『작물의 자연사(Naturgeschichte der Gewächse)』에서 서비스트리에 관한 풍부한 정보를 이해하기 쉽게 설명했다.

수백 년 뒤에는 수도자들이 성 갈렌 수도원의 정원에서 서비스트리를 길렀고, 아마도 여기서부터 중부

로마인은 서비스트리 열매의 가치를 알았고, 지중해 전역에 이 나무를 재배하게 했다.

유럽으로의 진입이 시작되었을 것이다. 베네딕트 수도원의 안세기스(Ansegis) 원장이 812년경에 작성한 '샤를마뉴 대제의 법령(Capitulare de villis)'에는 73개 식용작물과 허브 외에, 서비스트리가 '소르바리오스(Sorbarios)'라는 이름으로 다른 나무 16그루와 함께 기록되어 있다. 이때 이후로 당연히 중세시대 수도원 정원사들은 이 책에서 정원 조경의 영감을 얻었고, 서비스트리는 열매, 목재, 치료 용도로 중요했다.

그러나 중세시대 말에 서비스트리는 알프스 북쪽에서 점점 까맣게 잊혔다. 1993년에 올해의 나무로 선정되지 않았더라면, 서비스트리는 분명 독일에서 거의 멸종했을 터이다. 야생에서 자라는 나무들이 단 수천 그루로 줄어든 뒤로, 이런 선정을 통해 서비스트리는 다시 붐을 맞았다. 새로 개발된 재배 방식 덕분에, 짧은 시간 안에 60만 이상의 새로운 표본을 퍼트리는 것이 가능해졌다. 종의 생존은 확실해 보인다. 다만 야생이 아닌 대규모 과수원에서만 생존할 수 있다. 따라서 서

비스트리는 엄격히 말해 학명 그대로 '재배된(domesticus) 마가목(Sorbus)'이다. 오늘날 야생에서 자라는 서비스트리를 숲에서 만나는 것은 아주 드문 행운이다. 희귀종 나무를 조사하는 장기 프로젝트가 2013년까지 진행되었고, 야생 나무 2500그루가 기록되었는데 대부분이 독일 남서부에서 자랐다. 스위스 북부 샤프하우젠주 숲에서 서비스트리 한 그루가 홀로 남아 엄격한 보호를 받으며 자란다. 오스트리아에서는 몇백 그루가 발견되었고 여기서는 2008년에 올해의 나무로 선정되었다. 그러나 서비스트리는 지중해 지역의 따뜻한 기후를 사랑하고, 그곳에서 고향의 편안함을 느낀다.

귀중한 목재 - '스위스 배나무'

이 놀라운 나무의 목재는 중부 유럽의 모든 활엽수 목재 중에서 가장 단단하고 무거운 목재에 속한다. 옛날에는 이 목재로 오르간 파이프를 만들었고,

도끼, 농기구, 심지어 안경테까지 서비스트리 목재로 만들었다. 기름을 흡수하고 그것으로 단단함은 물론이고 또한 유연하고 질기기까지 하여 근대에까지 물레방아의 톱니바퀴에, 이 목재를 사용했다.

십자군이 동양에서 가져와 나중에 오보에로 발전한, 맑은 소리를 내는 목관악기 '숌'을 제작하는 데도 사용되었다. 이 목재는 지금도 여전히 통기타와 플라멩코기타 제작에서 수요가 매우

높다.

서비스트리 목재는 고급스러운 아름다움과 그 희귀성 때문에 유럽에서 가장 비싼 목재에 속한다. 그것은 '스위스 배나무'라는 통칭으로 야생서비스트리와 야생배나무와 함께 거래된다. 그것이 아주 비싸므로, 여기에 호소하건대, 숲에서 서비스트리를 정말로 발견하면 아무에게도 말하지 말고 혼자 조용히 그것을 즐겨라. 안 그러면 그 나무는 당신 때문에 생명을 위협받게 될 것이다. 경제적 압박에 시달리는 목재산업이 그런 귀한 나무를 그냥 둘 리가 없기 때문이다.

위와 장에 좋다

서비스트리는 또한 '새매나무(Sperberbaum)'라고도 불린다. 옛날에 그 열매를 '새매 배' 혹은 '새매 딸기'라고 불렀었다. 앞글자 'Sper' 혹은 'Spär'는 중세시대 독일 북부 사투리에서 '쓴맛'을 뜻한다. 그러므로 서비스트리의 독일어 이름인 '슈파이어링(Speierling)'이, 너무 쓴맛 때문에 즉시 뱉어낸다는(speien: 뱉어내다-옮긴이)데서 왔을 거라는 추측이 아주 그럴듯해 보인다. 잘못된 추측이다. 진짜 기원은 수 세기 넘게 치료용으로 그 열매를 사용한 데 있다. 탄닌이 많이 함유되어 있어서 입안을 떫고 얼얼하게 할 뿐 아니라, 이질과 설사 같은 위장질환에 도움이 된다. 당시에는 이질과 설사도 생명을 위협하는 질병이었다.

배를 닮은 이 작은 열매는 구리색으로, 더 나아가 흉한 갈색이 되었을 때, 완전히 익어서 물렁물렁해졌을 때라야 비로소 우리 입에 먹을만하다. 그래서 헤센주에서는 이것이 애칭으로 '작은 오물봉투'라고 불린다. 그러나 프랑크푸르트 지역에서는 아직 쓰고 신 상태의 열매를 '애펠보이(Äppelwoi, 사과와인)'에 극소량(1퍼센트) 첨가한다. 맛이 더 깊어지고 저장 기간도 길어진다. 그래서 이 지역에서는 서비스트리의 재배 전통이 발달할 수 있었다. 서비스트리 열매는 헤센주의 대표 음료에서 중요한 역할을 할 뿐 아니라, 종종 고급 브랜디를 생산하는 데도 기여한다. 이 외에도 다양한 레시피가 전해지고 지금도 사용된다. 서비스트리빵, 서비스트리열매치즈, 서비스트리열매잼 등이 헤센주의 사과와인 축제 때 같이 제공된다.

테오프라스토스가 도입한 라틴어 이름 '소르부스(Sorbus)'는 '맛을 음미하며 천천히 마시다(sorbere)'라는 동사에서 유래했다. '도메스티카(Domestica)'는 '길들여진, 재배된'이라는 뜻이다. 서비스트리의 열매는 가장 맛있어 보이는 모습일 때는 아주 떫어 먹을 수가 없고, 그것이 완전히 익어 땅에 떨어져 썩기 직전일 때 비로소 맛이 난다. Sorbus domestica! 햇살 가득한 정원과 잘 익은 열매의 식욕을 돋우는 상큼한 향 그리고 기대에 차서 기쁘게 맛을 음미하는, 수염이 덥수룩한 철학자가 저절로 떠오르지 않는가?

흰전나무

어두운 전나무숲의 인자한 거인

활엽수들은 서로 조금씩 다르다. 그들은 저마다 고유한 몸과 형태, 특징을 가진다. 예를 들어 막강한 너도밤나무는 하늘 높이에서 서로 맞닿아 웅장한 돔 지붕을 만든다. 그러나 침엽수들이 모인 숲은 구분 없이 그냥 하나로 합쳐져 모두 '전나무 숲'이라 불리게 된다. 한뜻으로 움직여지듯, 모두가 압도적 다수에 완전히 녹아들어 '하나'가 된다.

숲의 정적

아주 강렬한 감정을 묘사하고, 독일 전래동화와 프랑스 요정동화에 자주 등장하며, 수없이 노래되고 그려진 우람한 나무라면 단연 전나무가 으뜸이다. 그림 형제 이후에 비로소, 사람들이 밤에 촛불을 켜고, 원래 가던 길을 버리고 운명에 이끌려 깊은 숲으로 들어가야 했던 사람들의 사연을 속삭이기 시작한 건 아니다. 숲으로 들어간 사람들은 숲을 관통하여 운명의 길을 갈 수밖에 없다. 숲은 위험으로 가득하다. 요정, 숲의 정령,

난쟁이 왕, 땅의 정령, 숲속 주민들로 가득하다. 그리고 그들의 사연을 속삭이는 우리의 내면세계 깊은 곳에서는, 햇빛이 거의 들지 않는 어둡고 은밀한 숲의 미로가 다양한 의미로 등장한다. 감정이 고조되면서, 밖에 있던 전나무가 내면으로 들어온다. 동화 주인공은 숲에서 변신하고, 성숙하고, 고귀해진다. 이제 전나무는 그런 숲과 함께 내면의 장소가 된다. 우리는 전나무숲의 어둡고 빽빽한 모습에 깊이 감명을 받아, 우리도 그 숲에서 변신하고, 성숙하고, 고귀해진다.

두려움이 조용히 사라진다. 그리고 경외심이 자란다.

어두운 전나무숲의 인자한 거인

사람들은 흰전나무를 '침엽수의 여왕'이라 부른다. 흰전나무는 천천히 그리고 꾸준히 자라 거뜬히 50미터에 다다르며, 예외적인 경우지만 심지어 60미터 이상까지 자라기도 한다. 그래서 흰전나무는 유럽에서 가장 큰 나무종이고, 당연히 흰전나무보다 더 큰 나무종은 없다.

전나무는 키가 아주 크기 때문에, 너도밤나무와 가문비나무보다 더 위에 '숲의 펜트하우스'를 형성할 수 있다. 이런 구조는 열대우림에서만 볼 수 있다.

흰전나무는 엄격한 '단축성' 나무로서, 몸통이 줄기로 갈라지는 일 없이 끝까지 하나로 곧게 자란다. 어린 전나무는 빛이 많이 필요 없고, 엄마나무의 그늘에서도 잘 자라며, 너도밤나무 수관에 가려서도 평온하고 편안하게 큰 나무로 자란다. 어떤 어린 전나무는 수십 년 동안 겨우 몇 센티미터만 자라다가, 햇빛 조건이 성장에 유리해지면 자신의 성장 잠재력을 유감없이 발휘하며 놀랍도록 쑥쑥 자란다. 그러나 약 100살이 되면 몸통의 성장이 멈추고 둥글둥글 원뿔 모양의 수관이 형성된다. 이제부터는 옆으로 난 가지들이 위로 뻗을 차례다. 가지들은 하늘을 향해 부단히 성장하여 몸통 꼭대기보다 높이 올라간다. 그렇게 전나무의 전형적인 수관, 즉 황새 둥지 모양의 수관이 만들어진다. 자리가 넉넉하면, 전나무 가지들은 빛을 삼키며 뻗어 나가 바닥까지 닿는다.

전나무 잎은 부드럽고 윗면이 짙은 녹색이며 최대 3센티미터 길이로 자랄 수 있다. 바닥에 가까이 있는 가지에서는 잎이 모든 방향으로 둥글게 나지 않고, 단 두 방향으로만 난다. 반면 빛을 넉넉히 받을 수 있는 수관 부분에서는 잎이 가지를 둥글게 둘러싸며 난다. 그러나 잎의 크기, 형태, 자리는 나무의 위치에 따라 크게 다르다. 잎의 아랫면에는 밝은 회색 띠 두 개가 뚜렷하게 있는데, 여기에 작은 숨구멍이 있어서 이 틈을 통해 나무가 숨을 쉬고 향기를 뿜어낸다. 전나무는 최대 12년 동안 바늘 옷을 입고 있다가 모두 버리고 새 옷으로 갈아입는다.

다 자란 건강한 전나무의 몸통은 가슴 높이에서 지름이

황새 둥지 – 흰전나무의 수관 모양. 빛을 넉넉히 받을 수 있는 수관에 열매가 많이 달린다.

족히 3미터가 될 수 있다. 어린나무의 껍질은 밝은 회색이고, 그래서 이 나무의 이름이 흰전나무이다. 나이가 더 들면 껍질 색은 짙어지고 비늘처럼 갈라지고 찢어진다. 비록 전나무에는 송진이 없지만, 잘못된 지식

페디아누스 디오스쿠리데스(Pedianus Dioskurides)가 일찍이 전나무 송진의 치료 효과에 관해 썼다. 또한, 1000년 뒤에 힐데가르트 폰 빙엔도 전나무 송진의 상처 치유력에 관해 설명했다. 전나무에 송진이 전혀 없는데도 말이다!

으로 오늘날까지 계속해서 전나무의 치료 효과가 언급된다. 전나무와 소나무의 혼동은 수천 년 된 전통이다⋯.

깊은 기둥형 뿌리는 땅속에서 수관보다 더 넓게 뻗어, 심

지어 약한 토양에서도 전나무를 굳건히 지탱해준다. 그래서 바람에 전나무가 쓰러지는 일은 거의 없고, 환경 독소나 해충만 아니면, 흰전나무는 600살 이상까지 천수를 누릴 수 있다.

숲을 기리며

전나무 머리카락 사이로,
오르겔 소리 퍼진다.
고요한 전율 속에
나는 제단 앞에 무릎을 꿇는다.
숲의 경당에 봄이 지어준 제단,
심장의 요동 소리가 노래로 퍼진다.

축복의 안식일,
너를 지은 창조와 영혼이
평화의 부르심을 전한다.
신이 내린 벌,
자식을 염려하지 않아도 된다면
너는 편히 잠들 수 있으리
어머니 품에서.

― 프리드리히 뤼케르트(Friedrich Rückert)

하늘 가까이 - 전나무 열매

전나무는 자웅동주로, 수꽃과 암꽃이 한 나무에 핀다. 수꽃은 오로지 나무의 중간 부분, 그러니까 수관 아래에서만 핀다. 겨

루트비히 강호퍼(Ludwig Ganghofer)는 자신의 소설 『숲의 환각(Waldrausch)』에서 전나무의 꽃가루를 "봄에 숲을 날아다니는 녹 빛깔의 작은 구름"이라고 표현했다.

우 3센티미터인 노란 원뿔형 수꽃은 4월 말부터 6월 초까지 미세한 꽃가루를 바람에 날려 보낸다.

솔방울 모양의 암꽃은 수꽃보다 약간 더 크다. 암꽃은 빛을 넉넉히 받을 수 있는 수관 부위에서만 핀다. 암꽃이 잔가지 위에 꼿꼿이 서서 창문을 활짝 열면, 구름처럼 날아다니던 꽃가루가 창문을 통해 아름다운 초록색 방으로 들어간다. 창문이 닫히고 암꽃의 내부 깊숙한 곳에서 수분이 이루어지면, 그 안에서 가을까지 씨가 자란다. 씨가 다 자라면, 그사이 딱딱해지고 적갈색으로 변한 솔방울이 창문을 다시 연다. 그러면 세모난 작은 날개가 달린 씨가 세상의 빛을 만난다. 이제 열매가 나무 꼭대기에 열린 진짜 이유가 밝혀진다. 여기 높은 곳에서 씨의 오디세이 여행이 시작된다. 소용돌이치는 바람이 씨를 싣고 숲과 들판을 지나 어딘가에 떨어뜨리고, 운이 아주 좋으면 새로운 흰전나무가 자라날 수 있다. 약 15센티미터 길이의 솔방울은 이제 씨들을 모두 날려 보내고 텅 빈 채로 수년 동안

나무에 남아 서서히 썩거나 언젠가 땅에 떨어진다.

다정다감한 침엽수의 여왕

흰전나무의 학명인 '아비스 알바(Abies alba)'는 대략 '자랑스럽게 우뚝 선 흰색'이라는 뜻이다. 흰전나무는 소나무과에 속한다.

전나무의 독일어 이름인 '탄네(Tanne)'의 기원은 어원적으로 명확하게 설명되지 않는다. 고대 독일어 '탄나(tanna)'가 침엽수의 동의어인 것은 확실하다. 늘 푸르고 어두운 침엽수를 일컫는 '탄(Tann)'이라는 단어는 아마도 여기서 비롯되었을 것이다. 중부 유럽에는 19세기 말까지 넓은 침엽수림이 있었다. 그러나 흰전나무는 가문비나무를 선호하는 현대 조림경제 때문에 그리고 야생동물과 환경오염에 의해, 다른 나무종과 비교할 수 없이 심하게 위축되었다. 콘라트 폰 메겐베르크(Konrad von Megenber)는 일찍이 1350년에 『자연의 책(Buch der Natur)』에서, "흰전나무가 가장 희고 가벼운 목재를 제공하기 때문에" 침엽수 중에서 가장 "고귀하다"고 썼다.

어린 흰전나무는 사슴의 식단 맨 위에 있다. 반면 가문비나무는 외면받는데, 이것이 가문비나무에게는 큰 이점이다.

    침엽수는 중부 유럽 숲에서 우위를 차지하지만, 전나무는 약 2퍼센트로 소수에 불과하다. 아마도 전나무가 환경독소에 매우 민감하고, 고온건조해지는 기후가 전나무와 맞지 않기 때문일 것이다. 이 모든 것 때문에 흰전나무는 지난 수십 년 동안 존재감을 드러내기가 점점 힘들어졌다. 흰전나무의 자연 서식지는 알프스 지역을 넘어 스위스까지, 북쪽으로는 튀링겐, 남쪽으로는 코르시카와 이탈리아 남부까지 뻗어있다. 카르파티아산맥과 피레네산맥에서도 흰전나무는 잘 자라고, 불가리아의 피린산맥에서는 해발 2,900미터에서도 발견된다.

그러나 독일에서는 기껏해야 해발 1,800미터에 도달한다.

전나무가 바람의 도움으로 수분하고 꽃꿀을 가지지 않았어도, 인기 있는 전나무꿀이 있다. 흰전나무가 달콤한 즙을 바로 내주어 꿀을 만들 수 있는 게 아니다. 진딧물이 바늘잎을 빨아먹고 달콤한 즙을 배설한다. 그러면 꿀벌이 그것을 수집한다. 봄이 끝날 무렵 초원이 텅 비면, 전나무 잎에 묻어있는 끈적한 물질이 꿀벌들에게 중요한 식량이다.

두송나무
어떤 조용한 깨달음이 내 안에서 솟는다

두송나무는 모든 시대를 통틀어 인간의 종교적 감성을 가장 강하게 자극하는 식물이다. 딱총나무와 개암나무를 제외하면, 그 어떤 관목이나 나무도 두송나무만큼 해맑은 호기심을 고요한 기도로 바꾸지 못한다. 두송나무는 사람들의 영혼에 깊이 뿌리 내렸고, 지금도 모두가 그 이름을 안다. 전해 내려온 오랜 격언이 두송나무를 한마디로 명확히 요약한다. "딱총나무 앞에서는 모자를 벗고, 두송나무 앞에서는 무릎을 꿇어라!"

열린 마음과 맑은 눈으로 두송나무를 보며 그 기운이 나를 감싸게 두면, 곧 어떤 조용한 깨달음이 내 안에서 솟는다. 두송나무의 덩치와 형태가 주변의 공간을 더 크게 넓히고, 나를 그 안에 연결하여 꼼짝할 수 없게 한다. 나의 심장이 갑자기 다른 박자로 뛰는 것 같다. 마음의 눈앞에서는 넓은 하늘 아래 신성한 공간이 열리고, 두송나무는 기둥처럼 높이 솟아 이 공간을 지탱하고, 나는 고대 사원의 어두운 냉기 안에 있는 기분이 든다. 그리고 나는 깨달음을 얻은 듯한 착각에 빠진다. 이 기둥은 가장 깊이 박혔고, 막스 누스(Max Nuss)의 말처럼 "뿌리가 깊은 것만이 가장 높은 것을 안전하게 지탱할 수 있다." 깊고 높은 이 기둥 하나에 사원 전체의 메시지가 담겨있다. 기둥은 깊은 곳에서 높이 솟아 정신세계로 가는 문을 지탱한다. 문에는 유명한 글귀가 선명하게 적혀있다. "너 자신을 알라."

파란 '열매'를 맺기까지의 먼 길

두송나무는 매우 강하고 단단하고 아프게 찌르는 바늘잎을 가졌다. 1~2센티미터 길이의 바늘잎이 뾰족 별처럼 잔가지에 꼿꼿이 서 있다. 각각의 바늘잎은 도리스 양식의 기둥을 닮은 두송나무의 이상형처럼 보인다. 두송나무는 자웅이주로, 수나무와 암나무가 따로 있다. 수나무의 수꽃은 가지와 잎이 맞닿은 잎겨드랑이에, 노랗게 빛나는 작은 솔방울을 형성한다. 4월부터 6월까지 봄바람은 넉넉한 시간을 갖고 이 수많은 황금빛 꽃가루를 솔방울에서 불러내, 암꽃 솔방울의 수분 물방울에 정확히 착륙할 때까지 멀리 날려 보낸다. 암꽃 솔방울의 미세한 물방울이 증발하면서 작은 꽃가루가 암꽃 내부로 빨려들어가고, 그곳에서 암수의 결합이 이루어진다. 이 결합의 결과로, 마치 신비한 흰서리를 뒤집어쓴 것 같은 고깔 모양의 짙은 파란색 열매가 맺히기까지는 3년이 더 걸린다.

검은지빠귀보다 조금 더 다채로운 회색머리지빠귀가 두송나무 열매를 즐겨 먹고, 열매 안에 든 씨를 소화하지 못하고 배설함으로써 두송나무의 확산을 돕는다.

두송나무의 몸통은 지름이 약 1미터에 도달할 수 있지만, 자세히 보면, 아주 다부져 보이는 두송나무 기둥이 이미 땅에서부터 여러 줄기로 나뉘어 있음을 확인하게 된다. 껍질은 주목과 마찬가지로 거칠게 들떠있고, 여기서 두송나무가 구과목에 속한다는 것이 드러난다. 두송나무는 대개 자신의 이상적인 형태에 도달하지 못하고 여러 형태의 넓은 관목으로 자라고, 수관은 평평하거나 술 장식 모양이거나 고깔 모양이다. 두송나무는 최대 600살까지 살 수 있다. 미세하게 갈려 깊이 도달하는 뿌리는 바위가 많은 황폐한 토양도 뚫고 들어갈 수 있어서, 다른 나무종들이 도달할 수 없는 구역에서도 뿌리를 내리고 살 수 있다.

다양한 형태를 띠고 멀리 확산한다

두송나무는 몇몇 소나무종과 함께 가장 넓게 퍼진 침엽수이다. 비록 드물긴 하지만, 두송나무는 유럽과 북아메리카 전역에서 자라고, 동쪽 멀리 아시아 끝에서도 자란다. 뤼네부르크 광야, 뤼겐섬 같은 저지대에도 두송나무가 살고, 알프스 고산지대에도 산다. 이것은 두송나무의 다양한 파생종과 적응력 덕분이다. 두송나무는 늠름한 기둥처럼 최대 10미터까지 자라는 키다리 나무가 되기도 하고, 땅에서 세 뼘 이상 오르지 못하는 난쟁이 관목이 되기도 한다.

알프스 지역 사투리에서는 '바흐올더(Wacholder, 두송나무)'라는 이름을 거의 만나기 어렵다. 이 지역에서는 '레크홀더(Reckholder, 그네기둥)'라 불리고, 스위스의 일부 지역에서는 '로이크홀더(Räukholder, 연기기둥)'라고도 불리는데, 이 나무에 숨어있는 연기의 힘 때문이다.

두송나무는 추측건대 9세기에 비로소 남부 유럽의 원래 고향을 떠났고, 그 이후로 알프스 북쪽에서도 자란다. 특히 민간요법에서 집중적으로 사용되면서, 두송나무가 많이 심겼고 널리 퍼졌다. 두송나무는 형태만큼이나 이름도 다양하다. '바흐올더(Wacholder)'가 '바흐할터(Wachhalter)', 크벡홀더(Queckholder), 베크홀터(Weckholter)로 바뀌어 불리고, 종종 (고대 독일어로 '열매 나무'라는 뜻의 chrana-witu에서 유래한) 크라나비트(Kranawitt)라고도 불린다. (한국에서도 두송나무의 이름은 다양하다. 노간주나무, 노가지나무, 향나무, 주니퍼베리 등—옮긴이)

동화에서는 주로 저지대 사투리로 '마한델붐(Machandelboom)'이 사용되었다. 그리고 이것이 두송나무를 의미한다는 사실은 거의 알려지지 않았다. 두송나무의 모든 이름은 수많은 전설 때문에 종종 왜곡되고 지역별로 변형되어, 알려진 이름만 150개가 넘는다.

두송나무의 학명에 있는 '주니페루스(Juniperus)'는 로마 시대에 이미 사용되었다. 이것은 추측건대 '청소년'을 뜻하는 단어 'juvenis'와 '출산하다'를 뜻하는 'parere'가 합해져서 생긴 것이다. 아마도 어린 처녀의 출산과 관련이 있거나 수백 년 넘게 낙태약으로 사용된 것을 가리키는 말일 터이다. 낙태약과 관련하여 이 나무는 '악취 두송나무' 혹은 '사데나무'라 불리기도 했다. 마을 근처에 악취 두송나무가 서 있으면, 이것은 산파가 여기서 불법 낙태를 시술했다는 명확한 표시였다. 사데나무 추출액은 독성이 매우 높아서 여섯 방울이면 벌써 치명적이고 종종 비극적인 사망 사건이 일어났다.

두송나무의 열매는 이미 석기시대 아궁이에서 발견되었다.

게르만족과 켈트족 문화에서도 두송나무는 중요한 약용 나무였다. 그들은 또한 송장을 두송나무 목재로 태웠다. 모든 종류의 정화를 위한 연기를 피우기 위해 수 세기 뒤에도 두송나무가 계속 사용되었고, 두송나무 연기는 강렬한 향으로 모든 악을 쫓아냈다. 이 나무의 항균효과는 오래전에 입증되었다.

페스트를 치료하는 의사가 썼던 두송나무 마스크: 유럽 전역에 페스트가 퍼졌을 때 사람들은 죽은 사람의 방에 두송나무 연기를 피워 혹시 모를 더 나쁜 일을 예방할 수 있었다.

두송나무 열매에는 윗면에 특이한 흰색 십자 표시가 있다. 이것은 씨방으로 자란 심피의 흔적이다. 두송나무는 성경에도 언급되었는데, 아마도 성스러운 분위기 덕분일 것이다. "내가 그의 기도를 들어주고 돌보아 주는데, 에브라임이 무엇 때문에 다시 우상과 관련이 있겠는가? 나는 푸르른 두송나무와 같으니, 너는 내게서 열매를 넉넉히 얻으리라." (호세아 14장 9절)

보호와 은총의 비

두송나무는 난쟁이 굴을 지켰고, 두송나무 밑에는 어마어마한 보물이 숨겨져 있었다. 개화기에 개암나무 지팡이로 두송나무를 때리면, 보물창고의 문이 열렸다! 아무튼, 두송나무를 때리면 황금빛 꽃가루가 소용돌이쳐 작은 황금 구름이 만들어지고, 이것이 보물을 찾는 사람들의 코를 스친다. 그래서 두송나무는 '은총의 비'라는 이름을 하나 더 얻었다.

바이에른 지역 전설에 따르면, 오래전 옛날에 지하 통로에 '난쟁이 광부'가 갇혀있었다. 난쟁이 광부가 그곳을 빠져나왔을 때, 그의 '흙 아내'가 뒤에서 외쳤다. "다 말해도 되지만, 두송나무 열매에 왜 흰 십자 표시가 있는지는 말하면 안 돼요!"

마법 미신에 따르면, 두송나무는 마녀, 드루이드, 사악한 난쟁이 왕을 막아준다. 두송나무는 마법의 목재 아홉 개 중 하나였다. 발푸르기스의 밤에 두송나무로 만든 의자에 앉아있으면, 격렬하게 춤추는 마녀를 알아볼 수 있었고 모든 악한 저주와 음모를 막을 수 있었다. 아직 세상을 떠도는 죽은 자의 영혼이 두송나무에 흡수되어 그 안에서 평온을 찾을 수 있다는 상상은 사람들에게 위안을 주었다. 그래서 공동묘지에서 종종 유럽 주목과 마찬가지로 두송나무를 자주 만날 수 있다.

컵과 예네버르 사이

두송나무의 부드러운 목재는 작업하기 좋고, 내구성이 뛰어나며 잘 쪼개지지 않는다. 이 목재의 조밀하고 균일한 질감은 조각 작가들에게 인기가 높고, 이 목재는 주로 그릇과 컵, 나무 수저와 접시 그리고 예술 가구 제작에 쓰인다. 당연히 두송나무 열매는 요리에 없어서는 안 될 재료이다. 또한 두송나무는 진과 예네버르를 통해 우리를 또 다른 '영적 세계'로 인도한다. 이 술들은 두송나무 열매로 만든 증류주이다. 목재와 껍질 사이의 송진 물질에서, 니스의 기본 재료인 산다락을 얻는다. 아무튼, 이것은 북아프리카 일부 원주민들이 오늘날에도 그들의 신에게 바치는 정확히 그 물질이다. 그러나 두송나무는 흔치 않아서, 그 목재는 임업에서 그다지 중요하지 않았다.

열린 마음과 맑은 눈으로 두송나무를 보며 그 기운이 나를 감싸게 두면, 곧 어떤 조용한 깨달음이 내 안에서 솟는다.

호두나무

전체를 봐야 비로소 그 의도가 드러난다

이 인상적인 나무의 실루엣은 독특한 형태 때문에 가을과 겨울에도 쉽게 알아볼 수 있다. 홀로 서 있는 호두나무의 짧고 단단한 몸통은 얼추 눈높이에서 벌써 줄기가 갈리고 곧바로 수천 개의 가지가 뻗어 복잡하게 얽힌다. 몸통에서 갈라진 굵은 줄기조차 마치 어디로 갈지 몰라 갈팡질팡하는 것처럼 어떨 땐 아래로 뻗었다가 또 어떨 땐 갑자기 가파르게 위로 뻗는다. 가벼운 바람에도 나무 전체가 움직이는 것처럼 보일 수 있다. 모든 잎, 모든 줄기와 가지가 흔들린다. 나무는 우왕좌왕 휘청인다. 이쪽으로 휘었다가 금방 다시 저쪽으로 휘고, 어떨 땐 동시에 양쪽으로 휜다. 가까이에서 가만히 관찰하면 비로소 질서가 드러난다. 소위 혼돈은 자체적인 폐쇄 시스템에서 기인한다. 모든 것이 모든 것과 연결되어 자체적으로 자기 자신을 지탱한다. 안에서 서로 맞물려 있고, 서로가 서로를 기반으로 삼는다. 모든 것이 합쳐져서, 넓고 활기차게 퍼지는 풍성한 수관을 형성한다.

호두나무는 하늘을 껴안으려 한다. 기이하게 굽은 줄기, 복

잡하게 얽힌 수많은 가지, 빠닥빠닥한 잎들. 각각을 떼어 개별
로만 봐서는 호두나무의 구조를 파악할 수 없다. 전체를 봐야
비로소 그 의도가 드러난다. 호두나무는 인생을 닮았다.

아주 자유롭게 자랄 수 있는 호두나무는 애석하게도 극소
수에 불과하다. 대개는 '보기 좋은 외관'을 위해 가지가 정리되
고, 중대한 안전문제로 인해 왕성한 성장이 저지된다. 가만히
두면 가지가 저절로 부러져 사고를 내는 일이 빈번하기 때문이
다.

깃털 잎에서 상큼한 풋사과 향이 난다

호두나무는 여름에 푸르름을 더하는 활엽수로, 자유롭게
자라면 최대 25미터까지 자랄 수 있고 이때 수관의 지름이 40
미터를 넘을 수 있다. 이런 베테랑들은 드물지 않게 200살 이
상을 산다. 어린나무의 껍질은 반질반질 윤기가 흐르고, 아름
다운 세로줄이 없었더라면 너도밤나무와 헷갈릴 정도로 흡사
하다. 시간이 흐르면서 매끄러운 껍질은 점차 세로로 찢어진
암회색 껍질로 발달한다. 호두나무는 참나무의 뒤를 이어 아
주 늦게야 비로소 잎을 틔우고, 아름다운 깃털 잎으로 화려한
수관의 자태를 뽐낸다. 최대 아홉 개의 타원형 잎사귀들이 깃
털 잎 하나를 구성하는데, 개별 잎사귀는 15센티미터까지 자
라지만 언제나 맨 끝의 잎사귀가 가장 길다. 이런 잎사귀들이

모인 깃털 잎은 최대 40센티미터이다. 어린 잎사귀는 청동색을 띠다가 서서히 연한 녹색으로 변한다. 잎 둘레는 톱니 없이 매끄럽고, 잎맥은 가느다랗다. 가죽처럼 단단한 잎을 손끝으로 문지르면 상큼한 풋사과를 상기시키는 진한 향이 퍼진다.

크게 자란 우람한 호두나무에는 호두가 매년 10,000~12,000개씩 열린다. 숲속 동물들은 이 열매를 맛있게 먹을 뿐 아니라, 먹을 것이 부족한 겨울철을 위해 숨겨두는데, 숨겨둔 장소를 종종 잊는 바람에 호두나무는 번식의 기회를 얻는다.

자웅동주인 호두나무는 스무 살쯤 되면 비로소 꽃을 피운다. 4월 말, 5월 초에 연두색 수꽃이 먼저 고개를 내밀고, 최대 12센티미터로 길쭉하게 자라 꽃가루를 두텁게 장착하고 있다. 암꽃은 최대 4주 정도 늦게 피고, 잎 옆에 둘씩 혹은 셋씩 뭉쳐 있다. 암꽃은 최대 2센티미터의 통통한 씨방을 갖고 있는데, 이것은 보호막 같은 단단한 껍질에 싸여 있다. 수분 뒤에 늦어도 9~10월이면 여기서 호두가 생긴다. 호두는 두꺼운 초록색 껍질에 감싸져 있는데, 마치 나무가 보내지 않으려는 것처럼 이 껍질은 아주 천천히 조금씩 마지못해 벗겨진다. 그러나 결국 껍질은 오래 버티지 못하고 완전히 벗겨져 잘 익은 열매를 세상에 내놓는다. 쭈글쭈글 딱딱한 열매가 선물처럼 세상으로, 땅으로, 불확실한 미래로 떨어진다.

어릴 때는 깊이 파고드는 기둥형 뿌리가 자라지만, 시간이 지나면서 멀리 뻗는 단단한 심장형 뿌리를 형성한다.

경쟁자를 능숙하게 제거한다

호두나무는 자기 밑에 있는 경쟁자들에게 성장의 기회를 주지 않는다. 호두나무 잎에서 하이드로주글론이라는 독소가 생산된다. 이것은 잎에서 뿌리로 운송되지만, 초가을에 낙엽을 통해 땅에 도달하기도 한다. 이 독소는 땅에서 미생물의 분해를 통해, 싹을 틔우지 못하게 막는 주글론으로 바뀌고, 이것 때문에 경쟁자는 발판을 마련할 시도조차 하지 못한다. 호두나무를 갉아 먹는 해

옛날에는 두엄더미와 집 사이에 호두나무를 즐겨 심었는데, 이 나무가 파리와 해충을 쫓는다고 여겼기 때문이다. 또한, 같은 목적으로 호두나무의 초록 잎들을 침대와 장 안에 넣어 두기도 했다.

충과 진드기 종이 일곱 종을 넘지 않는 까닭도 어쩌면 이 독소 때문일지 모른다. 비교를 위해 말하면, 참나무를 갉아 먹는 해충은 1,000종이 넘는다.

야생 호두나무를 만나기는 어렵다

호두나무의 기원은 극동지방으로 추측되고, 오늘날 입증되었듯이 이 나무는 이미 수백만 년 전부터 있었다.

호두나무는 중부 유럽의 황폐한 빙하기에 시리아와 그 인근 지역에 피신해 있었다. 히말라야산맥에서 해발 3,300미터

까지 오르지만, 독일 위도에서는 해발 800미터를 넘지 못한다.

호두나무는 고대부터 그리스에서 재배되었고 로마인들에의해 다시 알프스 북쪽까지 퍼졌다. 호두나무는 인류의 가장충실한 동행자이고, 서비스트리와 마찬가지로, '샤를마뉴 대제의 법령'에 나열된 목록에서 대표자였다. 지금도 주로 정원, 수목원, 공원, 식물원에서 호두나무를 볼 수 있다. 야생에서자라는 호두나무는 아주 드물다. 야생 호두나무는 지중해성기후를 좋아하고 라인강과 도나우강의 넓은 언덕에 자리한포도밭을 좋아한다. 반면 오스트리아에서는 저항력이 강하고키가 작은 호두나무종이 도나우강 주변 계곡에서 자란다. 향이 풍부한 야생 호두는 '돌호두'라고도 불린다.

신화와 이야기 속 호두나무

호두나무는 사과나무와 물푸레나무와 더불어 전통적으로가장 흥미로운 나무에 속하고, 수많은 전설이 호두나무와 관련이 있다.

고대 그리스의 호두나무 축제인 '카리야테이아(Karyateia)'는 매년호두나무의 열매를 축하했다. 이 축제에서 그 유명한 목자의 노래, 이른바 '전원시'가 유래했다. 디오니소스는, 아폴로로부터 천리안을 선물로 받은 스파르타의 왕 디온의 딸이자, 아르테미스 여신의 여제사장인 카리야를 사랑했었다. 디오니소스는 카리야를 호두나무로 만들었고 카리야는 나무에 살면서 나무에 생기를 불어넣고 보호하는 최초의 요정이 되었다. 널리 전해진 '가족사 신화'는 여기서 끝나지 않는다. 신화에 따르면 카리야는, 다양한 상황에서 다양한 나무로 변신한 여덟 자매 중 한 명에 불과했다.

호두나무의 학명인 '주글란스 레기아(Juglans regia)'는 대략 '주피터의 도토리', 신들의 양식이라는 뜻이다. 고대 로마에서는 결혼식에 호두를 뿌렸다. 이것은 다산을 상징했다. 나중에 여기에서 여성의 성기에 대한 상징과 수많은 의미로 널리 퍼진 '호두를 깨다'라는 표현이 나왔다. 몇 년 전부터 약학자들이 호두를 이용한 천연 비아그라 생산을 연구했다. 그러나 효능이 몇 시간 지속되는 알약 하나를 만들기 위해 호두가 약 3.5킬로그램이나 필요하다. 아무튼, 'N-한츠(N-Hanz)'라는 이름을 가진 이 약의 효능은 과학적으로 입증되었다.

호두나무가 언제나 밝은 일과 좋은 일, 다산과 생명만을 상징하는 건 아니다. 호두나무 근처에 다른 식물이 거의 살아남지 못하는, 옛날에는 해명되지 않았던 기이한 현상 때문에, 호두나무는 또한 악령이 깃든 악마 나무가 되었다. 호두나무 아래에 악마와 죽은 자의 사악한 혼령이 산다는 소문이 돌았다.

이탈리아에서 호두나무는 마녀무도장이다. '베네벤토의 결혼(Il

Noce di Benevento)'은 주세페 발두치(Giuseppe Balducci)의 오페라일 뿐 아니라, 베수비오산 근처 베네벤토에 있는 진짜 호두나무의 이름이기도 하다. 전설에 따르면, 성 요한의 날 밤에 마녀, 요정, 마법사들이 이 나무 주변에 모였다. 베네벤토의 주교인 바르바투스가 7세기에 이 마법 나무를 베어버렸고 그것으로 저주를 끝냈다고 믿었다. 그러나 이 나무는 다시 자랐고, 질긴 미신과 마찬가지로 다시 없애기가 아주 어려웠다. 종교재판 기록에 따르면, 1519명의 여성이 극심한 고문 끝에, 마녀 안식일에 '베네벤토의 결혼' 아래에서 그들의 의식을 거행했다고 자백했다.

고대 의학 이후의 용어

로마의 점령지 갈리아가 호두나무를 최초로 도입했는데, 옛날에는 갈리아 사람을 '벨쉐(Welsche, 외국인)'라고 불렀다. '벨쉐누스(Welschnuss, 외국 견과)'에서 '발누스(Walnuss, 호두)'라는 이름이 발달했다.

호두나무는 풍습과 민간요법에서 큰 구실을 했다. 호두나무는 주요 식량 공급원 순위에서 때때로 개암나무를 앞서기도 했다.

전해지기로, 호두나무 잎의 치유력은 아무리 늦어도 그리스 의사 갈렌(131-202) 때부터 이용되었다. 그전에는 주로 열매와 꽃이 사용되었다. 디오스코리데스가 『약물지』에서 '페르시아 견과'에 대해 썼는데, 호두를 지칭하는 것이었다. 개에게 물렸을 때 (또한, 사람에게 물렸을 때) 양파, 소금, 꿀과 함께 이 열매를 먹으라고 처방했다.

식물학자이자 약사인 타베르내몬타누스는 16세기에, 성 요한의 날에 호두를 깨고, 호두를 끓여 증류수를 만들라고 권했다.

"이 물은 역병이 돌 때 좋은데, 그것을 마시면 독과 역병을 이길 수 있다."

오랫동안 사람들은 호두가 뇌 질환을 치료할 수 있다고 믿었다. 파라켈수스의 대표이론에 따르면, 식물의 형태와 색을 보

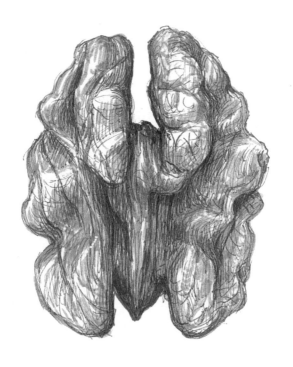

면 그것이 어떤 기관의 질환에 효능이 있는지 알 수 있다. 호두
는 뇌와 아주 비슷하게 생겼고, 실제로 오늘날 우리는 호두가
신경에 아주 좋다는 것을 안다.

버드나무
결코 삶을 포기하지 않는다

버드나무는 무거운 비밀이나 신성한 근심을 짊어진 모습으로 물가에 서 있다. 냇가, 개울가, 강가, 호숫가, 습지, 늪지. 버드나무는 물을 사랑하고 비를 좋아한다. 가을에 "안개 속에서 아득한 잿빛을 띠는" 버드나무는 종종 으스스한 마왕의 딸로 오인되곤 한다.

그러나 햇빛이 쏟아지는 여름날에 냇가의 버드나무 뿌리 위에 앉아, 오래 걸어 뜨거워진 두 발을 냇물에 담가 식히며 가장 비밀스러운 생각을 숨김없이 털어놓을 때면, 버드나무의 존재가 완전히 다르게 느껴진다.

생명력 강한 알갱이

버드나무의 삶은 언제나 모험적으로, 거칠게, 예측할 수 없이 시작된다. 엄마 나무는 겨우 1밀리미터로 거의 눈에 보이지 않을 만큼 작은 씨를 눈송이 같은 솜에 세심하게 감싸서 품고 있다가 4월 혹은 5월에 바람의 품에 맡긴다. 씨를 바람에 실어 보내는 버드나무를 보고 있노라면, 봄인데도 마치 한겨울처럼 느껴진다. 솜에 감싸진 씨가 따스한 봄날에 작은 눈송이처럼 흩날린다. 가볍고 잘 날기 때문에 바람은 이 작은 씨를 아주 멀리까지 데려갈 수 있다. 좋은 환경과 토양을 만나면, 씨는 시간을 허비하지 않고 몇 시간 뒤에 벌써 싹을 틔우기 시작하고, 1년 안에 몸집을 700배로 키워 70센티미터에 이른다.

'기적의 버드나무'는 훨씬 더 일찍부터 시작된다. 버드나무는 작년에 벌써 조용히 잠들어 있는 가지 깊숙한 곳에서 버들강아지를 낳았다. 어두운 겨울에 아무도 모르게 생명의 꽃가루 수천 개를 생산하기 시작했다. 이 버들강아지는 2월 말쯤, 잎이 나기 전에 골무 크기의 윤기 흐르는 은색 털북숭이의 모습으로 세상에 나온다. 수꽃이 피고 아직 겨울에 잡혀 있는 2월의 하늘에 고운 꽃가루가 작은 구름처럼 피어오르면 그제야 수컷 버드나무인지 암컷 버드나무인지 알 수 있다. 그렇다. 버드나무는 자웅이주에 단성화를 피운다. 암나무와 수나무가 따로 있고 암나무에는 암꽃만, 수나무에는 수꽃만 핀다. 버드나무꽃은 개암나무와 함께, 혹독한 겨울을 힘들게 버틴 꿀벌에게 새해 첫 식량을 넉넉히 공급한다. 100종이 넘는 나비들 역시 버드나무에 온전히 혹은 부분적으로 의존한다. 참나무가 하듯이, 버드나무도 겨울 끝 무렵에 벌써 동물의 세계에 자신을 내주어, 길고 힘든 시간을 버틴 동물들이 계속 살아갈 수 있게 해준다. 버드나무의 뒤를 이어 자작나무가 곧바로 동참하면서, 구원의 개화기 윤무가 본격적으로 시작된다.

꽃가루를 모두 날려 보내 텅 빈 수컷 버들강아지는 곧 땅에 떨어져 나무 아래에 수북하게 쌓인다. 이것들은 숲과 들판의 수많은 동물에게 다시 귀중한 음식이 된다. 암컷 버들강아지는 처음에 보잘것없이 작지만, 수분 뒤에는 안에서 자라는 어린 씨를 품을 수 있게 몸집을 길게 키운다. 암꽃은 작은 씨들을 고운 솜에 감싸 품고 있다. 그리고 때가 되면 바람이 와서 부드럽게 씨를 넘겨받아 영원히 먼 곳으로 데려간다.

성지주일

강아지야, 버들강아지야,
회색 비단 같고
회색 벨벳 같은 강아지야!
오, 은빛 버들강아지야,
말해줘, 버들강아지야,
말해줘, 어디에서 왔는지.

너에게 말해줄게:
우리는
버드나무를 뚫고 나왔어,
우리는 겨우내 그 안에
잠들어 있었지, 아니,
깊고 깊은 꿈속에 있었지.

메마른 나무 안에서
깊고 깊은 꿈속에서
자고 있었다고?

딱딱한 나뭇가지가
부드럽고 연약한 너희들의
잠자리였다고?

꼭 기억하렴:
그 안에서 꿈꾸고 있던 우리는,
아직 지금의 모습이 아니었어,
지금처럼 드레스 차림이 아니었어,
벨벳과 비단의 화려한 드레스를 입고
햇빛 속에 빛나지 않았어.
…

—크리스티안 모르겐슈테른(Christian Morgenstern)

빛의 무도회와 쭈글쭈글 마녀 얼굴
버드나무의 여러 얼굴

개화기 이후에도 버드나무는 쉬지 않는다. 이제부터 에너지가 많이 들어가는 시기가 시작된다. 바로 잎을 틔워야 한다. 호랑버들은 최대 10센티미터 길이의 홀쭉한 잎에서 둥근 타원형 잎까지 여러 다양한 잎 모양을 선보일 수 있다. 버드나무 잎의 윗면은 녹회색이고 아랫면은 솜털이 난 회색이며, 둘레에 톱

흰버들은 잎 때문에 달빛 속에서 나무 형태가 수시로 변한다. 바람이 불면, 마치 안에서 조명이 켜진 것처럼 녹색 은색 수채화처럼 매혹적으로 빛난다.

니가 살짝 있다. 버들강아지만으로는 구별이 어렵지만, 적어도 호랑버들과 흰버들은 잎 모양으로 확실하게 구별할 수 있다. 흰버들의 잎은 눈에 띄게 좁고 뾰족한 아치형이고, 아랫면이 은회색 솜털로 덮여있다.

몸통의 거칠거칠한 껍질은 갈색에서 암회색까지 다양하고 세로로 길게 균열이 있다.

호랑버들은 버드나무과에 속하는데, 버드나무과에 속하는 종은 400개가 넘는다. 버드나무의 형태는, 몇 센티미터 높이의 관목, 최대 30미터까지 자라 둑을 넘어 강물의 절반을 덮을 정도로 우람한 나무까지, 아주 다양하다. 수많은 가지와 섬세한 분지로, 높이만큼 옆으로 퍼질 수 있는 한결같이 전형적인 수관이 형성된다. 가지가 하늘로 뻗듯 뿌리도 땅속으로 깊이 파고든다. 습지에서 뿌리를 깊이 내려 나무를 든든하게 지탱한다.

가장 구별하기 쉬운 버드나무는 단연 수양버들일 것이다. 수양버들은 넓게 퍼진 수관과 늘어뜨린 가지로 우울함을 상징한다. 몸통만 남기고 가지를 계속 잘라낸 일명 '가지 잘린 버드나무(폴라드 버드나무)'는 안 그래도 신비롭고 섬뜩한 버드나무의 인상을 더욱 강화한다. 그것은 또한 판타지를 자극하여, 섬뜩한 마녀의 쭈글쭈글한 얼굴을 연상시킨다.

모든 버드나무종은 한 가지 공통점을 갖는다. 누구도 그들에게서 삶을 빼앗을 수 없다. 강력한 생명력과 채워지지 않은 삶의 욕구로, 버드나무는 우연히 땅에 꽂힌 가지에서도 뿌리가 생겨 새로운 나무가 된다. 강풍에 뿌리가 뽑힌 버드나무조차 수관에서 다시 뿌리가 나와 새롭게 시작할 수 있다. 버드나무는 결코 삶을 포기하지 않는다. 그러나 수명은 상대적으로 아주 짧다. 아무리 늦어도 200살이 되면, 나뭇가지는 힘이 빠지고 마르고 저항력을 잃는다. 성장만큼이나 빠르게 다시 축축한 땅에서 죽는다.

버드나무가 통증을 가라앉힌다, 세계 곳곳에서

버드나무 중에서도 호랑버들이 큰 예외에 속한다. 다른 모든 친척과 달리 호랑버들은 건조한 지역에서도 잘 산다. 버드나무는 중부 유럽 전역이 고향이고, 여기서 가장 흔한 종이 흰버들이다. 버드나무는 아시아, 아프리카 북부, 남아메리카에서도 자란다. 온기를 좋아하고 빛을 많이 필요로 하는 나무가 놀랍게도 영하 32도의 추위도 이겨낸다. 그래서 북극 근처에서도 살고 해발 1,800미터 이상까지 오를 수 있다.

버드나무는 예고 없이 범람하는 넓은 늪지에서 포플러와 오리나무 곁에서 아주 잘 지낸다. 우리 조상들은 늪에 빠져 목숨을 잃을 수 있었고, 늪은 불길하고 저주받은 장소였다. 그곳에 사는 버드나무는 마녀가 숨어 사는 악마의 나무가 되었다. 그러므로 고대의 마법 미신에서 버드나무는 불행을 가져오는 나무였다. 그럼에도 7세기 이후부터 버드나무 가지는 매년 부활절을 맞아 봉헌되는 성스러운 나뭇가지로 없어서는 안 되는 필수 요소였다.

관목처럼 서로 엉켜있는 버드나무 가지는 풍습에서도 중요한 역할을 했다. 예를 들어, 풍년을 기원하며 밭에 버드나무 가지를 꽂았다. 혹은 마녀와 사탄을 쫓기 위해 창문에 꽂아두었다. 호랑버들의 독일어 이름은 '잘바이데(Sal-Weide)'인데, 이것은 고대 독일어로 '버드나무'를 뜻하는 '잘라하(salaha)'에,

다른 버드나무종과 구별할 수 있도록 현대 독일어로 버드나무를 뜻하는 '바이데(weide)'를 덧붙인 것이다. 버드나무는 동물에게 아낌없이 주는 관대한 나무이고, 인간에게도 다양한 용도로 매우 유용하다. 유연한 가지는 지금도 바구니와 빗자루를 만드는 데 사용되고, 수중건축에서 무너지기 쉬운 방죽을 지탱하는 데도 이용된다.

무엇보다 버드나무는 통증에 시달리는 환자에게 가장 큰 축복을 선사한다. 아스피린으로 더 잘 알려진 아세틸살리실산의 기본 물질인 살리실산이 버드나무의 회색 껍질에 들어있다.

모든 버드나무종은 한 가지 공통점을 갖는다. 누구도 그들에게서 삶을 빼앗을 수 없다. 강력한 생명력과 채워지지 않은 삶의 욕구로, 버드나무는 우연히 땅에 꽂힌 가지에서도 뿌리가 생겨 새로운 나무가 된다. 강풍에 뿌리가 뽑힌 버드나무조차 수관에서 다시 뿌리가 나와 새롭게 시작할 수 있다. 버드나무는 결코 삶을 포기하지 않는다.

참고문헌

그리고 도움이 될만한 책들

Amber, Conrad: Baumwelten. Stuttgart, 2015.

Amber, Conrad: Bäume auf die Dächer, Wälder in die Stadt. Stuttgart, 2016.

Bachofer, Mark & Joachim Mayer: Der KOSMOS Baumführer. Stuttgart, 2015.

Bächtold-Stäubli, Hanns: Handwörterbuch des Deutschen Aberglaubens. Berlin, 1935.

Beuchert, Marianne: Die Symbolik der Pflanzen. Frankfurt am Main, 2004.

Bötticher, Carl. Der Baumkultus der Hellenen. Berlin, 1856.

Bô Yin Râ: Geist und Form. Bern, 1934.

Brosse, Jacques: Mythologie der Bäume. Düsseldorf, 2004.

Demandt, Alexander: Über allen Wipfeln. Köln, 2002.

Dierbach, Johann: Flora Mythologica. Heidelberg, 1833.

Fischer-Rizzi, Sabine: Blätter von Bäumen. München, 2007.

Fiedler, Karl Gustav: Reise durch alle Theile des Königreiches Griechenland in Auftrag der Königl. Griechischen Regierung. Leipzig, 1840.

Frazier, James George: Der goldene Zweig - Eine Studie über Magie und Religion. Hamburg, 1989.

Geßmann, G.W.: Die Pflanze im Zauberglauben. Bürstadt, 2003.

Hageneder, Frank: Die Weisheit der Bäume. Stuttgart, 2009.

Jung-Kaiser, Ute: Der Wald als romantischer Topos. Bern, 2008.

Kalusche, Dietmar: Ökologie in Zahlen. Stuttgart, 1996.

Kausch-Blecken von Schmeling, Wedig: Die Elsbeere. Bovenden, 1994.

Küster, Hansjörg: Geschichte des Waldes. München, 2013.

Küster, Hansjörg: Geschichte der Landschaft in Mitteleuropa. München, 2013.

Lauter, Wolfgang: Das Leben der Bäume. Dortmund, 1987.

Moser, Maximilian und Erwin Thoma: Die sanfte Medizin der Bäume. Salzburg, 2015.

Murr, Josef: Die Pflanzenwelt in der Griechischen Mythologie. Innsbruck, 1890.

Nuss, Max: Wachstum der Seele. Karlsruhe, 2015.

Polzin, Wolf-Peter: Vom Bettler zum König. Rostock-Warnemünde, 2011.

Pritzel, Georg August und Karl Friedrich Jessen: Die deutschen Volksnamen der Pflanzen – Neuer Beitrag zum deutschen Sprachschatze. Hannover, 1882.

Rutjes, Henriette und René Zimmer: Augen zu und durch - Die gesellschaftliche (Nicht-) Wahrnehmung des Eschentriebsterbens. Potsdam, 2015.

Schmitz, Gregor: Die Birke (Nr. 15). Bonn 2002.

Schonack, Wilhelm: Die Rezepte des Scribonius Largus. Jena, 1913.

Schwilk, Heimo: Hermann Hesse – Das Leben des Glasperlenspielers. München, 2012Sterneder, Hans: Frühling im Dorf – Tagebuch eines Besinnlichen. Leipzig, 1928.

Stumpf, Ursula, Vera Zingsem und Andreas Hase: Mythische Bäume. Stuttgart, 2017.

Wolfram, Ludwig Friedrich: Vollständiges Lehrbuch der gesammten Baukunst. Wien, 1833.

Zsok, Otto: Musik und Transzendenz. St. Ottilien, 1998.